내 삶에 교양과 품격을 더하는
명강의를 만나보세요.

_____ 님에게

천문학이라는 위로

천문학이라는 위로

방황하는 존재를 위한 암흑 속 길을 찾는 가장 찬란한 우주 강의

서가명강 42

황호성 지음

서울대학교
물리천문학부 교수

이 책을 읽기 전에 학문의 분류

인문학
人文學, Humanities

철학, 역사학, 종교학, 문학,
고고학, 미학, 언어학

자연과학
自然科學, Natural Science

과학, 수학, 의학, 물리학,
지구과학, 화학, 천문학

사회과학
社會科學, Social Science

경영학, 정치학, 사회학,
심리학, 외교학, 지리학
경제학, 법학

천문학
天文學, Astronomy

공학
工學, Engineering

기계공학, 전기공학, 컴퓨터공학,
재료공학, 건축공학, 산업공학

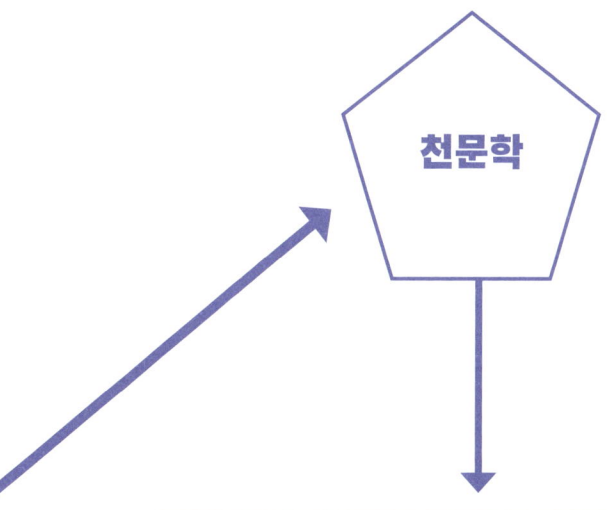

천문학이란?
天文學, Astronomy

인류 역사상 가장 오래된 학문 중 하나로 우주와 그 안에 있는 모든 천체를 연구한다. 지금은 물리학, 화학, 지질학, 생물학 등 다양한 학문과 융합하며 빅뱅으로 시작하는 우주의 기원과 진화, 그리고 외계 행성과 생명체 등으로 그 대상을 확대해나가고 있다. 일반적으로 천문학의 연구 대상은 태양과 태양계, 항성, 성간물질, 은하, 블랙홀과 같은 것이지만, 우주적 관점을 통해 인류의 미래와 인간의 정체성을 다른 차원에서 한층 더 깊이 있게 성찰할 수 있는 기회를 제공하기도 한다.

이 책을 읽기 전에 주요 키워드

블랙홀 black hole

매우 강력한 중력을 발휘하는 천체. 중력이 몹시 강하기 때문에 빛조차 빠져나갈 수 없다. 보통 별질량을 갖는 블랙홀과 은하 중심에 자리 잡은 초대질량 블랙홀이 존재한다고 알려져 있다. 별질량 블랙홀은 별의 진화 마지막 과정에서 초신성 폭발로 생성되는 것으로 알려져 있으며, 초대질량 블랙홀은 작은 블랙홀들이 은하들의 병합 과정 동안 같이 커지면서 질량이 늘어났을 것으로 생각된다. 블랙홀의 주위에서는 시간이 느려지는 등 특이 현상이 발생한다.

전파간섭계 radio interferometry

여러 개의 전파망원경을 서로 연결해 하나의 큰 망원경처럼 사용하는 관측 기술이다. 우주에서 오는 전파를 수신해 천체를 관측한다. 특히 해상도가 높아서, 매우 멀리 있는 천체나 작은 천체를 상세하게 관찰하는 데 유용하다.

암흑물질 dark matter

우주를 구성하는 중요한 요소 중 하나다. 빛과 같은 전자기파와 상호작용하지 않기 때문에 우리 눈이나 망원경을 통해 직접 볼 수 없다. 그러나 그 존재는 중력적 효과를 통해 간접적으로 확인이 가능하다. 암흑물질은 우주 질량-에너지 밀도의 약 25퍼센트를 차지하며, 이는 흔히 알려진 일반 물질의 양(약 5퍼센트)보다 훨씬 많다.

중력렌즈 효과 gravitational lensing

거대한 질량을 가진 물체가 주변의 시공간을 휘게 만들어, 그 뒤에 있는 물체에서 나오는 빛이 굴절되는 현상이다. 아인슈타인의 일반상대성이론에 의해 예측되었으며, 빛이 시공간과 상관없이 직진만 하지 않으며, 때로는 시공간을 따라 휘어져 보인다는 사실은 우주의 여러 비밀을 밝혀내는 데 중요한 역할을 한다.

암흑에너지 dark energy

우주 전체 질량-에너지 밀도의 약 70퍼센트를 차지하는 미지의 에너지. 어떤 형태를 띠는지조차 밝혀진 바가 없다. 하지만 우주의 가속 팽창을 설명하는 데 중요한 역할을 한다. 암흑에너지의 존재는 1998년 초신성 관측을 통해 확증되었으며, 이 발견은 천문학과 우주론에 큰 변화를 가져왔다.

표준우주모형 Standard Model of Cosmology

현재 천문학자와 우주론 연구자들이 우주의 기원, 구성, 진화, 구조를 설명하는 데 사용하는 주요 이론적 틀이다. 이 모형은 빅뱅 이론을 기반으로 하며, 우주의 팽창, 암흑물질, 암흑에너지, 우주 마이크로파 배경복사(CMB, cosmic microwave background) 등을 통합해 설명한다. 종종 ΛCDM 모형이라고도 불리는데, 여기서 Λ는 암흑에너지 역할을 하는 우주상수를, CDM(cold dark matter)은 차가운 암흑물질을 의미한다.

우주상수 Λ, Cosmological Constant

아인슈타인이 일반상대성이론에서 도입한 상수로, 암흑에너지 역할을 한다고 생각된다. 이것은 우주의 팽창 속도에 큰 영향을 미치는 요소로, 현대 우주론에서 중요한 역할을 한다.

창백한 푸른 점 Pale Blue Dot

1990년 2월 14일, 보이저 1호가 태양계를 떠나며 촬영한 지구의 사진이다. 이 사진은 당시 보이저 1호가 지구로부터 약 60억 킬로미터 떨어진 곳에서 찍은 것으로, 지구는 광대한 우주 속에서 작고 희미한 푸른 점으로 보인다. 미국의 천문학자 칼 세이건에 의해 유명해졌다.

차례

이 책을 읽기 전에 학문의 분류   4
                       주요 키워드   6
들어가는 글 우주의 거대함 속 우리의 위대함을 엿보다   11

1부   빛과 어둠으로 우주와 나, 세상을 읽는 법

우주 속 나의 주소를 찾아서   19

어떻게 우리가 사는 은하의 모양을 알았을까?   31

우주를 바라보는 눈, '우주망원경'   44

우리 세상은 우주의 아주 작은 일부다   56

Q/A 묻고 답하기   66

2부   암흑물질, 우주를 지배하는 보이지 않는 힘

바람처럼, 형체 없이 존재하는 암흑물질   73

암흑물질의 증거는 무엇인가   91

공룡이 멸망한 게 암흑물질 탓이었다니!   107

암흑물질 연구는 어떻게 이루어지나   116

Q/A 묻고 답하기   124

3부 암흑에너지, 우주의 거대한 불가사의를 밝히다

빅뱅, 그리고 팽창하는 우주의 서사   131

암흑에너지의 정체를 밝히기 위한 여러 시도   145

마침내 무대로 등장한 암흑에너지   160

'제5원소'의 정체를 밝혀라   176

Q/A 묻고 답하기   192

4부 우주의 재발견, 암흑을 두려워하지 않는 마음으로

우주 인플레이션, 우주 최초의 순간을 묻다   199

우주를 연구하는 단 하나의 이유, 인간이라는 존재   212

광활한 어둠을 탐험하는 작고 미약한 존재의 위대함   225

Q/A 묻고 답하기   238

나가는 글   나와 우주를 잇는 찬란한 여정   243

"우주를 연구한다는 것은 단순히 하늘의 별을 보는 일이 아니라, 우리 자신이 어디에서 왔고 어디로 가는지에 대한 질문을 던지고 답을 찾는 일이다."

들어가는 글
우주의 거대함 속 우리의 위대함을 엿보다

낯선 곳으로 떠나는 여행은 두렵기도 하고, 설레기도 한다. 천문학 연구도 그렇다. 미지의 영역을 탐구하는 일은 항상 두려움과 설렘이 함께한다. 아무런 성과를 내지 못할 것 같아 걱정되기도 하지만, 새로운 발견을 할 수 있다는 기대에 마음이 설렌다. '암흑물질 dark matter'과 '암흑에너지 dark energy'에 대한 연구가 특히 그렇다. 우주의 95퍼센트를 차지하고 있는 이들 미지의 존재는 아직 우리에게 많은 의문을 남긴다.

암흑물질은 1930년대 천문학자 츠비키가 처음 그 존재를 본격적으로 도입한 이후로 꾸준히 연구되어 왔다. 하지만 그동안 아무도 암흑물질을 본 적이 없고, 그 정체를 완벽히 파악한 사람도 없다. 암흑에너지도 마찬가지다. 이름에서 알 수 있듯, 암흑물질과 암흑에너지는 보이지 않는다. 천문학자들이 그것들을 '암흑dark'이라고 부르는 이유는 단순히 보이지 않아서만이 아니라, 그 본질을 모르고 있기 때문이기도 하다. 우리가 이들에 대해 아는 것은 아직 극히 일부분에 불과하다.

이처럼 천문학에서 미지의 영역을 탐구하는 일은 마치 태양계를 이해하려고 했던 과거의 천문학자들을 떠올리게 한다. 그 당시에는 행성이 지구를 중심으로 돈다고 생각했기 때문에 지구에서 봤을 때 행성이 서쪽에서 동쪽으로 한 방향으로만 움직이는 게 당연했다. 그러다 화성이 서쪽에서 동쪽으로 가지 않고 가끔 반대로 움직이자, 즉 역행 운동을 보이자 많은 사람이 당황했다. 이를 설명하기 위해 도입된 것이 '주전원epicycle'이었다. 행성이 지구를 중심으로 큰 원을 그리며 도는 공전 운동을 하는 데 더해, 각 궤도에서 주전원에 해당하는 작은 원도 같이 그리며 움직인다고 생각한 것이다.

하지만 결국, 행성이 지구가 아니라 태양을 중심으로 돈다는 사실이 발견되면서 이 복잡한 설명은 필요 없게 되었다. 우리는 아직 암흑물질과 암흑에너지의 실체를 모른다.

혹시 이 두 암흑 성분이 주전원처럼 필요 없는 것을 잘못 도입한 것은 아닐까? 우주의 다양한 관측 자료를 설명하기 위해 물리법칙을 조금 바꾸거나 아예 암흑물질과 암흑에너지를 도입하지 않는 생각의 전환을 할 수는 없을까? 암흑물질과 암흑에너지에 대한 연구를 하면서도 항상 뭔가 놓치고 있지 않은지 걱정스럽기도 하다.

이 책은 암흑물질과 암흑에너지에 대한 최신 연구 결과를 정리한 학술서가 아니다. 또한, 역사적으로 중요한 발견들을 연대기적으로 다룬 책도 아니다. 이 책은 우주를 연구하는 한 천문학자의 개인적인 경험을 바탕으로 관련 이야기를 정리한 것이다. 따라서 그냥 천문학을 잘 아는 동네 아저씨가 암흑물질과 암흑에너지에 관한 재미있는 이야기를 들려준다고 생각하고 읽으면 좋겠다.

이 책을 통해 독자들이 암흑물질과 암흑에너지에 대해 조금 더 친숙하게 느낄 수 있기를 바란다. 나아가, 이 미지의 세계가 얼마나 흥미롭고 끝없이 탐구할 가치가 있는지 느꼈으면 좋겠다. 우주를 연구한다는 것은 단순히 하늘의 별을 보는 일이 아니라, 우리 자신이 어디에서 왔고 어디로 가는지에 대한 질문을 던지고 답을 찾는 일이다. 이제부터 본격적으로 우주를 살펴보겠지만, 이 우주는 너무나도 크다. 우리 인간은 이 우주에 비하면 너무나도 작다. 그러나 우리처럼 미약한 인간이 거대한 밤하늘을 즐길 수도 있고, 거대한 우주를 상상할 수도 있다. 실로 인간의 위대한 힘이 아닐 수 없다.

보이지 않는 것을 믿는다는 것은 분명 큰 용기가 필요하다. 하지만 우주를 탐구하는 것은 애초에 끝이 보이지 않는 긴 여정이다. 어쩌면 평생을 걸쳐도 답에 다다를 수 없을지 모른다. 그러나 그 여정을 함께한다는 것, 그 자체가 소중한 경험이다. 우주를 탐구하는 여정은 단순히 지식을 쌓는 것을 넘어, 우리가 누구이며, 이 광대한 우주 속에서 어떤 존재인지를 고민하게 만든다. 단언컨대 우주는 누구에게나 열려 있다. 그리고 그 어둠을 건너는 용기는 우리 모두의 마음 안에 이미 있다. 이는 천문학이 우리에게 건네는 위로다. 이제 이 책과 함께 이 거대한 우주를 상상하는 법을 알아보자.

2025년 9월

황호성

1부

빛과
어둠으로

우주와 나,
세상을

읽는
법

우리는 어디에서 왔는가? 우리는 무엇인가? 우리는 어디로 가는가? 누구나 한번쯤 우리 인류의 존재와 기원에 대해 이런 질문을 던져본 적 있을 것이다. 천문학과 함께 떠나는 우주여행을 통해 이 철학적 질문의 해답을 찾아나갈 수 있다.

우주 속 나의 주소를 찾아서

우리는 무엇이고 어디로 가는가

우리는 어디에서 왔는가? 우리는 무엇인가? 우리는 어디로 가는가? 누구나 한번쯤 우리 인류의 존재와 기원에 대해 이런 질문을 던져본 적 있을 것이다. 프랑스의 유명한 인상주의 화가 폴 고갱은 이 질문과 같은 제목의 그림을 남기기도 했다. 고갱은 평소 자신이 에덴동산이라 믿은 타히티를 배경으로 이 그림을 그렸다. 가장 오른쪽에는 아기를 그려서 우리가 어디에서 왔는지를 표현했고 가운데 서 있는 인물을 통해서는 우리가 무엇인지, 우리의 존재를 표현했다. 마지막으로 가장 왼쪽 끝에는 웅크리고 앉은 노파를 그려서 보는 이로 하여금 우리가 어디로 가는지 생각해볼

폴 고갱이 1897년에 그린 〈우리는 어디서 왔고, 우리는 무엇이며, 우리는 어디로 가는가〉

수 있도록 했다. 고갱은 이 한 폭의 그림에 자신이 생각하는 인류의 존재와 기원을 담아냈다.

고갱의 그림뿐만이 아니다. 아리스토텔레스부터 하이데거, 니체 등 위대한 철학자들의 사상은 물론이고, 다윈의 진화론을 비롯해 양자역학을 둘러싼 과학사의 논쟁들 역시 바로 이 질문에 해답을 찾기 위한 노력의 일환으로 볼 수 있다. 그렇다면 천문학은 어떨까?

천문학은 가장 오래된 학문이자 가장 최첨단의 학문으로, 우리의 근원적 질문에 과학으로 답하는 것이라 할 수 있다. 천문학은 제임스웹우주망원경이나 슈퍼컴퓨터 같은 최첨단의 장비를 이용해서 가장 가까운 태양부터 가장 먼 은하나 퀘이사를 연구하는데, 이런 연구는 결국 우리은하가, 우리 태양이, 우리 지구가, 우리 인간이 언제 어떻게 생겨났는지를 종합적으로 이해하고자 함이다. 특히 망원경을 이용해서 멀리 본다는 것은 빛의 속도가 유한하기 때문에 우주의 과거를 본다는 것과 같은 뜻이 되어서, 망원경은 지구상에서 유일하게 제대로 작동하는 타임머신이라고도 할 수 있다. 이처럼 천문학은 다양한 도구를 이용해서 우주를 연구하는데, 결국엔 우주와 인간의 기원을 이해하려는 노력으로 귀결되기 때문에, 천문학과 함께 떠나는 우주로의 여행을 통해 이 철학적 질문의 해답을 찾아나갈 수 있다.

상상 속 로켓을 타고 날아오르다

본격적인 여행을 위해 먼저 우주 속 나의 주소를 찾아보자. 전혀 어렵지 않다. 책을 읽으며 가만히 상상하기만 하면 된다. 이 거대한 우주에서 '나'는 어디쯤 있는지, 우주적 차원에서 주소를 가늠하는 것이다. 이제부터 우리는 가상의 로켓을 타고 차츰차츰 높이 올라가게 된다. 더 높이 올라갈수록 더 넓은 규모의 행정구역을 내려다볼 수 있다. 우리가 탑승한 이 가상의 로켓은 서울대학교에서부터 출발한다.

현재 위치는 서울시 관악구 관악로 1, 서울대학교 물리천문학부가 있는 19동 자연과학대학 건물이다.

우리의 로켓은 여기서부터 점점 위로 올라간다. 누리호처럼 발사된 로켓을 타고 더 높이 날아가는 중이다. 자연과학대학 건물이 속한 서울대 관악캠퍼스가 보이고, 이윽고 관악캠퍼스가 있는 관악구 전역의 모습이 보인다. 한번 더 위쪽으로 도약하면 관악구를 포함한 더 큰 행정구역인 서울특별시가 펼쳐진다. 서울대학교 관악캠퍼스의 넓이는 약 4.3제곱킬로미터, 서울시의 넓이는 605제곱킬로미터다. 우리의 주소가 벌써 150배 정도 넓어진 셈이다.

한번 더 로켓을 밀어올리자. 그러면 서울시를 포함하는 더 큰 행정구역을 볼 수 있다. 바로 대한민국이다. 남한만 따지면 대략 500킬로미터 곱하기 500킬로미터 정도의 크기다. 북한까지 아우르면 훨씬 더 큰 크기가 될 것이다.

한 단계 더 위로 올라가게 되면 마침내 대한민국을 포함한 둥근 지구가 그 모습을 드러낸다. 지구는 반지름으로 따지자면 대략 6400킬로미터 정도의 크기이고, 지름으로 따지면 대략 1만 3000킬로미터 정도의 크기다. 점점 상상하기 힘든 수치가 펼쳐진다.

그렇다면 여기보다 더욱 높이 날아가면 어떻게 될까? 우리가 탑승한 가상의 로켓은 이제 완전히 지구의 대기권을 벗어나 우주로 날아왔다. 때마침 우리 앞으로 지구 주위를 공전 중인 달이 지나가고 있다. 저 달 위로 착륙해보자. 달의 표면에 무사히 안착하면 저 멀리 아득하게 푸른 지구가 보인다. 지구와 달 사이의 거리는 대략 38만 킬로미터이다. 이건 얼마나 먼 거리일까?

이 거리를 가늠해보려면 먼저 우리는 빛의 속도를 알아야 한다. 기본적으로 빛의 속도는 유한하다. 예를 들어 휴대전화 플래시를 켜고 한쪽에서 다른 쪽으로 불빛을 보내면, 다른 쪽에서 그 빛을 즉시 볼 수 있는 게 아니다. 떨어진 거리만큼 빛이 이동해야 한다. 그리고 그 이동 속도가 1초에 30만 킬로미터다. 즉, 지구에서 휴대전화 플래시를 반짝 비추면 달에서는 대략 1.3초 후에 그 빛을 볼 수 있다. 달과 지구 사이를 빛으로 이동해도 1초가 넘게 걸린다는 뜻이다. 이처럼 빛의 속도는 유한해 지구와 달 사이 통신에 1초 정도의 시차가 발생한다는 사실은 앞으로 펼쳐질 우주 이야기에서도 아주 중요하게 다루어질 예정이다.

모처럼 달에 도착한 김에 달이라는 천체를 잠시 살펴보

자. 우리나라 최초의 달 탐사선 '다누리'는 2022년 8월부터 지금까지 꾸준히 영상을 촬영해 지구로 보내고 있다. 과학기술정보통신부와 한국항공우주연구원에서 운영하는 다누리 홈페이지에 접속하면 다누리가 보내오는 여러 사진을 확인할 수 있다. AI로 만든 사진이라는 오해가 있을 정도로 절묘하고도 아름다운 각도에서 달과 지구를 담은 자료가 많이 올라온다. 특히 2022년 8월 29일에 촬영한 사진은 왼쪽에는 지구, 오른쪽에는 달의 모습이 동시에 담겨있다. 다누리는 어떻게 이런 사진을 찍을 수 있었을까?

앞서 말했듯이 다누리는 우리나라가 달 탐사를 위해 보낸 인공위성이다. 주목할 만한 점은 다누리의 독특한 궤도다. 우리는 어느 한 지점에서 다른 지점으로 가장 빠르게 이동하려면 직선 경로를 이용해야 한다는 사실을 모두 알고 있다. 지구에서 달까지 가는 방법도 마찬가지다. 달을 향해 곧장 날아가면 가장 빠르게 달에 도착한다. 달 탐사에서는 이것을 직접 전이궤도라고 부른다. 직접 전이궤도는 완벽한 직선은 아니지만 달 탐사를 비롯해 우주 개발이 한창 이루어지던 냉전시대부터 여러 국가가 사용해왔다.

다누리가 2022년 8월 29일 촬영한 지구와 달 (ⓒ 한국항공우주연구원)

하지만 다누리는 이 직접 전이궤도를 사용하지 않았다. 달까지 직선으로 곧장 날아가지 않고 독특한 궤도로 달과 지구 주위를 멀리 돌아가는 방식을 이용했다. 다누리가 사용한 궤도는 탄도형 달 전이궤도BLT/WSB, Ballastic Lunar Transfer/Weak Stability Boundary로, 중력을 활용해 연료를 아낄 수 있는 궤도다. 즉, 다누리는 가성비 좋은 궤도를 찾아 지구에서 달까지 직선거리로 가지 않고 어려운 길로 돌아서 간 셈이다. 그렇다 보니 멀리 떨어져서 지구와 달을 동시에 촬영할 기회가 생겼고 이처럼 희귀한 사진도 얻을 수 있었다.

다누리를 필두로 해 우리나라는 달 탐사에 더욱 적극적으로 참여하고 있다. 현재 달이 지구로부터 각광받는 이유 중 하나는 달에 존재하는 자원 때문이다. 달에는 지구에 별로 없는 특이한 성분들, 즉 희토류 같은 것들이 있어서 많은 나라들이 달 탐사에 공을 들이고 있다. 2024년 2월에는 미국의 민간업체가 달 탐사에 나서 달 착륙에 성공하기도 했는데, 아직 대한민국 탐사선은 '착륙'에까지 이르지는 못했다. 그러나 조만간 우리도 착륙에 성공해서 달 표면을 직접 탐사하게 될 것이다. 다누리도 자기장 측정기, 감마선 분광기 등 이미 여러 측정 기기를 부착한 상태로 달을 향해 날아갔으니, 앞날을 더욱 기대해볼 만하다.

왜소행성으로 전락한 '명왕성'

다시 로켓에 오른 우리는 달을 뒤로 하고 더 머나먼 우주를 향해 날아간다. 그러면 지구와 달을 포함하는 더 큰 행정구역을 볼 수 있는데, 바로 태양계다. 태양계는 태양이라는 거대하고 무거운 별을 한가운데 두고 다른 행성들이 저마다의 궤도를 따라 그 주변을 도는 형태이다. 태양계 크기는 가장 멀리 있는 천체를 기준으로 약 100억 킬로미터에 달한다. 아라비아숫자로 표기하려면 자그마치 열한 자리를 사용해야 한다. 이 방대한 태양계를 더 자세히 들여다보자.

한때는 태양계의 질서가 가장 중심에 태양이 있고 다음으로 수성, 금성, 지구, 화성, 목성, 토성, 천왕성, 해왕성, 명왕성 순으로 행성이 배열된다고 알려졌다. 하지만 지금은 이 중에서 해왕성까지만 행성으로 분류하고, 명왕성은 행성으로 분류하지 않는다. 그렇다면 명왕성은 어떻게 분류될까? 바로 왜소행성으로 분류된다.

왜소행성이 무엇인지 알기 위해서는 먼저 한 천문학자의 관측 결과를 살펴봐야 한다. 미국의 천문학자 마이크 E. 브라운Mike E. Brown은 어느 날 밤하늘에서 명왕성보다 멀리 떨어져 있는 천체를 발견한다. 문제는 그 천체가 명왕성하고 크기가 비슷한데, 더 무겁다는 점이었다. '에리스Eris'라는 이름의 그 천체를 두고 마이크는 고민에 빠진다. 명왕성이 행성이라면 명왕성하고 비슷하지만 무거운 에리스 역시 행성으로 인정하는 게 맞지 않나 생각하던 도중, 명왕성 바깥에서 명왕성과 비슷한 천체들이 계속 발견된다. 이 많은 천체를 전부 행성으로 인정해야 할지 고민에 빠진 천문학자들은 결국 다 같이 모여 행성에 대한 정확한 정의를 모색하기에 이른다.

천문학계에는 '천문학 올림픽'이라고도 불리는 국제천문연맹IAU, International Astronomical Union 총회가 3년에 한 번씩 개최된다. 2024년 올해 총회는 남아프리카 공화국의 케이프

타운에서 열렸고, 코로나19로 연기된 2022년 31차 총회는 우리나라 부산에서 열렸다. 바로 이 천문학 올림픽에서 명왕성의 운명이 결정되었다. 명왕성을 비롯한 행성의 정의에 관한 논의가 이루어진 총회는 26차 총회로, 2006년 체코 프라하에서 개최되었다. 그곳에서 명왕성의 행성 지위 여부를 두고 전 세계 천문학자들의 투표가 이루어졌다. 투표 결과는 '행성의 정의를 새롭게 확립하며 이 정의에 따라 명왕성을 태양계 행성에서 퇴출한다'였다. 이때부터 명왕성의 바깥에 존재하며 명왕성과 비슷하거나 작은 천체들은 왜소행성으로 불리게 되었다. 그렇다면 명왕성을 퇴출시킨 새로운 행성의 정의는 무엇일까?

   2006년 IAU가 확정한 새로운 행성의 정의는 크게 세 가지로 나뉜다. 먼저, 행성은 항성의 주위를 정해진 궤도로 돌아야 한다. 태양계에서 항성은 태양을 의미한다. 다음으로, 충분한 질량이 있어 구형에 가까운 형태를 가지고 있어야 한다. 천체는 충분히 크고 무거울 때만 자체적인 중력으로 둥근 모양을 유지한다. 지나치게 작거나 가벼운 천체는 둥글어지지 못한다. 우리가 가끔 사진으로 접하는 소행성이 고구마나 바나나처럼 일그러져 있는 것도 그 소행성들의 크기가 너무 작기 때문이다.

세 번째로 행성은 자신의 궤도 주변에 존재하는 다른 천체들을 지배할 수 있어야 한다. 쉽게 말해 내가 가는 길에 나를 방해하는 사람이 없어야 한다는 뜻이다. 궤도라는 특정 구역에서는 내가 골목대장이 될 수 있어야만 행성으로 인정받을 수 있다는 의미이기도 하다. 그런데 명왕성의 경우, 궤도 주변에 에리스처럼 명왕성과 덩치가 비슷한 존재가 함께 돌고 있었다. 자신이 다니는 길에서 골목대장이 되지 못하고 다른 친구들의 방해를 받는 것이다. 이처럼 명왕성은 세 번째 조건을 만족하지 못했기 때문에 행성으로 남지 못하고 왜소행성으로 전락했다.

이후 우주를 꿈꾸는 많은 사람이 명왕성의 태양계 퇴출을 슬퍼했다. 실제로 명왕성의 행성 지위에 처음으로 문제를 제기해 강등의 근본적 원인을 제공한 마이크는 다수의 항의와 협박에 시달리기도 했다. 그가 쓴 책 『나는 어쩌다 명왕성을 죽였나』에는 명왕성에 얽힌 재미난 이야기와 함께 흥미로운 우주담이 실려 있다.

명왕성이 지위를 잃은 사건을 두고 연예인을 비롯해 많은 명사들도 슬픔을 감추지 못했다. 대표적으로 현재 한화

이글스 소속인 야구선수 류현진이 LA 다저스 소속일 때 함께 활동했던 투수 클레이턴 커쇼$^{Clayton\ Kershaw}$가 그 주인공이다. 커쇼 외할아버지의 형이 바로 명왕성을 발견한 천문학자 클라이드 톰보$^{Clyde\ Tombaugh}$였던 것이다. 명왕성의 지위 강등 소식을 들은 커쇼는 당시 한 언론 인터뷰를 통해서 명왕성이 퇴출당한 것에 대한 슬픔과 함께, 퇴출 반대 의사를 표명했지만, 명왕성은 결국 돌아오지 못했다.

명왕성 퇴출 소식에 슬퍼한 사람은 우리나라에도 있다. 가수 BTS는 그 슬픈 사연에 노래까지 만들어 불렀다. 노래 제목이 '134340'으로, 이것은 명왕성이 왜소행성으로 바뀌면서 새로 얻은 이름이다. "왜 날 내쫓았는지 어떤 이름도 없이 여전히 널 맴도네, 작별이 무색해, 그 변함없는 색채 나에겐 이름이 없구나"와 같은 가사를 보면, 명왕성의 행성 퇴출에 대한 슬픔이 고스란히 느껴진다.

어떻게 우리가 사는
은하의 모양을 알았을까?

태양계를 포함하는 행정구역, '우리은하'

명왕성의 퇴출을 슬퍼하는 마음을 담은 BTS의 노래를 들으며 우리는 이제 태양계보다도 더 먼 우주를 향해 날아간다. 태양계를 포함하는 우주의 더 큰 행정구역, 우리은하$^{Milky\ Way\ Galaxy}$까지 단숨에 도착한다. 우리은하에는 태양과 같은 별, 즉 항성이 무수히 많다. 대략 개수를 헤아리면 1000억 개 정도 될 것이다.

1000억 개가 넘는 별을 품은 우리은하는 도대체 얼마나 큰 걸까? 우리은하 왼쪽 끝에서 오른쪽 끝까지의 거리를 측정해 생각해보자. 천문학자들이 계산한 이 거리는 대략 7.6 곱하기 10의 17승 킬로미터다. 숫자를 읽거나 쓸 엄

두조차 나지 않을 만큼 먼 거리다. 이렇듯 은하 단위에서는 숫자자체를 가늠하기 어려울 만큼 그 넓이가 확장되기 때문에 천문학자들은 새로운 단위를 만들어내기에 이른다. 바로 '광년(光年, light-year)'이다. 광년은 빛이 일 년 동안 이동하는 거리다. 1광년은 대략 9 곱하기 10의 12승 킬로미터쯤 된다. 얼마나 먼 거리인지 감이 오지 않는 것이 당연하다. 단지 아주 멀고 먼 거리라는 사실만 알아두자.

우리은하의 왼쪽 끝에서 오른쪽 끝까지의 거리를 광년으로 나타내면 8만 광년이다. 빛의 속도로 움직여도 8만 년이나 걸린다는 뜻이다. 이렇듯 우리은하의 규모는 실로 어마어마하게 크다. 그러니 이 거대한 은하의 정확한 모습을 알기 위해서는 우리은하를 벗어나 더 머나먼 우주까지 날아가 사진을 찍어보아야 할 것이다.

그렇다면 우리 인간이 우주 공간으로 가장 멀리까지 날려 보낸 사진기는 뭘까? 1977년 인류의 원대한 꿈을 안고 머나먼 우주로 발사된 미항공우주국NASA의 탐사선 보이저Voyager 1, 2호다. 하지만 그 보이저호조차도 이제 막 태양계를 벗어났을 뿐이다. 아직 우리은하를 벗어나지 못했다. 심지어 전문가들은 2025년에서 2030년 사이 보이저호와의 통신이 끊어질 것으로 예측한다. 그럼 우리는 영영 우리은하의 정확한 모습을 알 수 없게 되는 것일까? 천문학자들의 연구는 이대로 막을 내려야 할까?

물론 그렇지 않다. 실제로 이미 천문학자들은 밖에서 찍은 정확한 사진 없이도 우리은하에 관한 많은 연구를 진행했다. 어떻게 그렇게 할 수 있었을까? 바로 전파망원경을 이용하면 된다. 이 망원경을 이용해 우리은하에 퍼져 있는 가스의 분포를 관측하면 지구 위에서도 우리은하의 모습을 확인할 수 있다. 전파망원경은 눈으로 볼 수 있는 가시광선으로는 보이지 않는 천체들, 즉 전파를 내는 천체를 보여준다. 특히 가시광선보다 파장이 길어 도중에 장애물이 있어도 잘 통과해서 우리은하 원반 멀리까지 그 모습을 관측할 수 있게 해준다. 우리은하 원반에는 수소 원자들이 아주 많이 퍼져 있다. 이 수소 원자 안에 있는 전자의 스핀이 원자핵의 스핀과 정렬되어 있다가 정렬되지 않은 상태로 바뀔 때 빛을 내는데, 이 빛의 파장이 21센티미터 전파에 해당한다. 따라서 이 21센티미터 전파를 관측한다는 것은 그곳에 중성 수소가 많이 있다는 것을 의미하며, 이를 통해서 은하에 물질이 어떻게 분포되어 있는지를 알 수 있는 것이다.

　1954년, 헨드릭 C. 반 드 헐스트Hendrik C. van de Hulst라는 네덜란드 천문학자가 바로 이 전파망원경을 이용해 가스 구름이 우리은하 내에 어떻게 분포되어 있는지 관측한 지도를 처음으로 만들었다. 그 지도를 살펴보면 가스 구름이 나선 형태 모양으로 퍼져 있는데, 이때 비로소 천문학자들은 우리은하가 나선모양을 띠고 있다는 것을 알게 되었다. 태양계는 우리은하의 나선팔 위 한 지점에 존재한다.

　그러나 아직까지도 우리은하의 구조를 제대로 파악했다고 할 수는 없다. 특히 우리은하가 납작한 원반 모양으로 생겼다 보니 우리은하 중심 너머 반대편 원반의 관측 자료는 여전히 완벽하지 않아서, 그 정확한 모습은 여전히 논쟁 중이다. 한편 가스 구름의 분포에 대한 연구는 국내에서도 활발히 이루어지고 있다. 서울대 천문학과에서 은퇴한 구본철의 연구팀도 최근에 가스 구름 관측을 통해 우리은하의 생김새를 파악하는 연구를 진행한 적이 있다. 전파망원경을 이용한 가스 구름 관측은 우리은하 밖으로 나가지 않고도 우리은하의 구조를 파악할 수 있다는 점에서 천문학적으로 중요한 연구 방법 중 하나다.

베일 벗은 우리은하 중심 블랙홀

그렇다면 우리은하 중심에는 무엇이 있을까? 우리은하 중심에는 블랙홀이 있다. 예전에는 블랙홀이 상상 속에만 존재하는 천체였는데, 지금은 그렇지 않다. 2022년경 우리나라 한국천문연구원이 참여한 이벤트호라이즌망원경Event Horizon Telescope, EHT 협력단이 사상 최초로 우리은하 중심의 초대질량 블랙홀 사진을 공개한 바 있다. 망원경의 이름이기도 한 '이벤트호라이즌Event Horizon'은 어떤 블랙홀의 크기를 언급할 때 해당 블랙홀의 경계를 의미한다. 일반상대성이론에 따르면 질량이 존재하면 시공간이 휘게 되고 휜 시공간의 효과가 바로 중력이다. 블랙홀이란 바로 시공간이 심하게 휘어서 어떤 입자나 빛도 바깥으로 빠져나갈 수 없는 영역을 말하는데, 이 경계면을 바로 이벤트호라이즌이라고 한다. 우리나라 표현으로는 '사건의지평선'이라고 부른다.

블랙홀은 그 뜻을 직역하면 '검은 구멍Blackhole'이다. 그렇다면 이 구멍은 도대체 왜 검게 보이는 것일까? 기본적으로 어떤 천체를 본다는 것은 그 천체에서 나오는 빛을 본다는 뜻이다. 그런데 어떤 빛조차도 빠져나올 수 없는 게 블랙홀이다. 그러므로 실은 우리는 블랙홀을 볼 수 없다. 우리가 보는 것은 블랙홀에서 나오는 빛이 아니라 블랙홀 주변에 있는 빛으로, 블랙홀은 검은빛이 나와서 검은 구멍이 아니라, 아무것도 보이지 않아서 얻은 이름이다.

다시 말해 이벤트호라이즌망원경이 찍은 블랙홀 사진은 블랙홀로부터 직접 빛을 받은 게 아니라 블랙홀 주변 빛들 때문에 생긴 그림자를 찍은 셈이며, 그 그림자가 블랙홀의 존재를 증명해준 것이다. 이벤트호라이즌망원경 덕분에 인류는 블랙홀이 있다는 것을 99.9퍼센트 이상 확신하게 되었다. 이벤트호라이즌망원경은 초대질량 블랙홀을 관측하기 위한 목적으로 전 세계 여섯 대륙 여덟 대의 전파망원경을 연결해서 지구 크기의 가상 망원경 효과를 내는 전파망원경 간섭계를 의미한다. 2009년에 전 세계 연구자들이 처음 팀을 결성했고, 한국 연구자들도 동아시아관측소EAO 산하 제임스클러크맥스웰망원경JCMT과 아타카마 밀리미터/서브밀리미터 전파간섭계ALMA의 협력 구성원으로서 EHT 프로젝트에 참여하고 있다. 막상 이벤트호라이즌망원경 협력단은 노벨상을 받지는 못했지만, 블랙홀을 이론적으로, 또 관측적으로 처음 연구한 사람들(펜로즈, 겐첼,

게즈)가 2020년 노벨물리학상을 받는 데 큰 공헌을 했다.

우리로부터 멀리 떨어져 있어서 아주 작게 보이는(?) 블랙홀의 영상을 얻기 위해서는 망원경 해상도가 매우 높아야 한다. 그리고 해상도를 높이기 위해서는 망원경이 아주 커야 한다. 그러나 전파망원경을 아무리 크게 만들어 봐야 직경 100미터를 넘기가 쉽지 않다. 망원경 접시가 커질수록 무게 또한 늘어나서 안테나가 움직일 때 접시를 지탱하는 철골 구조물이 제대로 버티기 어렵기 때문이다.

그래서 천문학자들이 고안한 것이 전파간섭계$^{Radio\ Interferometry}$ 기술이다. 망원경 하나의 크기를 키울 것이 아니라 적당한 크기의 망원경을 지구 곳곳에 떨어뜨려놓고, 각각의 망원경을 이어서 하나의 커다란 접시 같은 효과를 내는 것이다. '그렇게 하면 지구 크기만 한 망원경이 존재하는 효과를 낼 수 있고, 보다 높은 해상도의 관측 자료도 얻을 수 있지 않을까' 하는 생각에서 출발한 것이 바로 이벤트호라이즌망원경의 시작이다.

전파간섭계 기술의 기본 원리는, 앞서 설명처럼 여러 개의 전파망원경을 이어서 하나의 큰 망원경처럼 사용하는 것이다. 미국 애리조나부터 하와이, 스페인, 칠레, 남극에

전파간섭계 기술에 이용되는 전파망원경 위치도

이르기까지 지구 곳곳에 전파망원경이 배치되어 있다. 이 전파간섭계 기술을 개척한 영국의 전파천문학자 마틴 라일Martin Ryle은 그 공로로 1974년 노벨물리학상을 수상했다.

전파간섭계는 우리나라에도 있다. 직경 21미터 망원경 세 개로 구성된 한국우주전파관측망Korean VLBI Network, KVN이 바로 그것이다. 서울 연세대학교에 하나, 울산에 하나, 제주도에 하나로, 2008년 완공되었다. 이로써 우리나라는 남한 크기만 한 전파 효과를 내는 망원경을 보유한 셈이다. 최근 2024년에는 강원도에 있는 서울대학교 평창캠퍼스에 또 하나의 전파망원경이 추가 건설되었다. 세 개에서 네 개로 망원경의 개수를 늘림으로써 훨씬 더 좋은 질의 천체 영상을 얻을 수 있게 되었다.

이벤트호라이즌망원경 연구팀은 전파간섭계 기술을 이용해 현재까지 블랙홀 두 개를 직접 관측했다. 하나는 우리 은하 중심의 블랙홀이고, 또 다른 하나는 M87 은하에 있는 블랙홀이다. 사진 속 블랙홀의 모습은 대부분 가운데 검은 구멍이 있는 하얀 도넛 모양이다. 이 하얀 도넛은 앞서 말했듯 블랙홀 자체에서 나오는 빛이 아니라 블랙홀 주변에서 나오는 빛이다. 그리고 가운데 있는 검은 구멍이 블랙홀이다.

2019년 처음 관측된 M87 블랙홀은 지구로부터 5500만 광년 떨어져 있으며, 태양 질량의 65억 배라는 엄청난 질량을 지닌 블랙홀이다. 2022년 관측된 우리은하 블랙홀 사지타리우스 A$^{Sagittarius\ A}$는 지구로부터 2만 7000광년 떨어져 있으며, 질량은 태양 질량의 400만 배 정도 된다.

이렇게 블랙홀의 존재를 밝히는 데는 남극에 있는 망원

경도 활용되었으며, 이 연구 프로젝트에는 우리나라 천문학자 김준한도 참여했다. 현재 카이스트 물리학과에서 재직 중인 김준한 교수는 동료 강재환 박사와 함께 남극에서 전파망원경을 활용해 진행하는 우주 연구 이야기를 『남극점에서 본 우주』라는 책에서 풀어내기도 했다. 이 책은 남극점에서 펼쳐지는 전파천문학 연구를 비롯해 천문학자들의 상상력을 담은 생생한 현장 기록인데, 세계 일주 마라톤 대회에서는 남극점에 깃발을 꽂아놓고 한 바퀴를 돌기만 하면 된다는 등, 과학자들의 흥미로운 에피소드가 펼쳐진다.

초거대 밀집 천체의 발견

그렇다면 실제로 블랙홀은 어떻게 발견되었을까? 시작은 관측이었다. 독일의 천체물리학자 라인하르트 겐첼[Reinhard Genzel]과 미국의 천문학자 앤드리아 게즈[Andrea Ghez]가 블랙홀 주변의 별들을 10년 넘게 추적한 것이다. 그 결과 지구가 태양을 돌 듯, 가운데 블랙홀을 두고 주변의 별들이 도는 것을 알 수 있었다. 게다가 그 별들은 어마어마한 속도로 움직이고 있었다. 도대체 중심의 질량이 얼마나 크길래 주변 별들이 그렇게나 빠르게 돌 수 있는 것일까? 질량은 눈으로 관측할 수 있는 것이 아니지만, 물리학자들은 별이 움직이는 속도를 통해 보이지 않는 중심의 질량을 계산해 냈다.

이러한 관측 성과와 더불어 영국의 수학자 로저 펜로즈Roger Penrose는 일반상대성이론을 기반으로 블랙홀의 존재를 정확히 예측했다. 겐첼과 게즈가 관측을 통해 블랙홀을 증명했다면 로저펜로즈는 이론을 통해 증명한 셈이다. 이 세 명의 학자는 블랙홀 연구에 기여한 공로를 인정받아 2020년 노벨물리학상을 공동으로 수상했다.

우리은하의 모습을 한번 정리해 살펴보자. 일단 중심에는 질량이 매우 큰 블랙홀이 존재한다. 중심 블랙홀을 감싸고 있으면서 별들이 동그랗게 모여 있는 구조를 팽대부bulge라고 하는데, 이 팽대부를 가로지르듯 또 다른 별들이 은하 나선팔을 이루면서 원반 형태로 길게 뻗어 있다. 이 원반 때문에 우리은하를 옆에서 보면 납작한 UFO처럼 보이기도 한다.

우리은하 원반에 수직으로 위쪽과 아래쪽으로 감마선 거품과 감마선 제트가 존재한다. 감마선 제트는 은하 중심

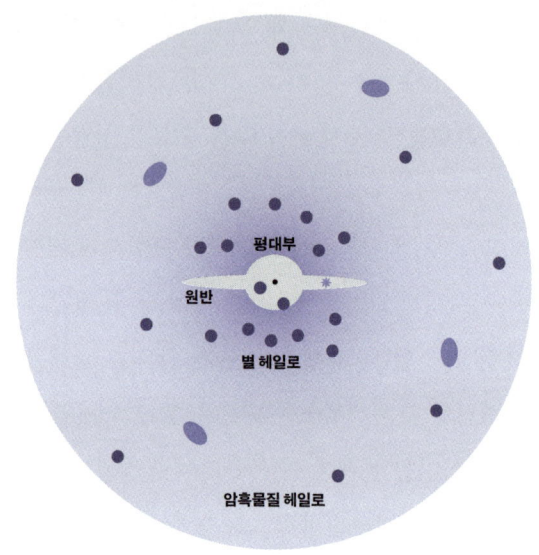

우리은하의 대략적 구조도

의 블랙홀로 물질들이 흡수되면서 내뿜는 고에너지 입자들에 의해서 생기는 것으로 추정되며, 감마선 거품은 아마도 이런 제트의 결과로 뜨거운 가스가 거품 같은 형태로 남은 것으로 추정된다. 블랙홀은 놀랍게도 그 큰 중력 때문에 주변 물질을 빨아들일 뿐 아니라, 이렇게 제트라고 하는 것처럼 중심으로 끌려오는 물질의 일부를 끊임없이 밖으로 내보내고 있다. 우리가 밥을 무한정 빨리 먹을 수 없고, 필요하면 도중에 트림을 해야 하는 것과 비슷한 경우라고 생각하면 되겠다. 우리은하 전체에 약 1000억 개 정도의 별이 모여 있으며, 우리 태양도 은하 원반 안에 포함되어 있다. 종종 밤하늘에 보이는 은하수가 바로 이 원반을 그 안에서 수직으로 볼 때의 모습인데, 바로 우리은하 별들의 모임인 것이다.

우주를 바라보는 눈, '우주망원경'

가까워지는 '우리은하'와 '안드로메다은하'

우리가 아직 로켓 위에 탑승해 있다는 사실을 잊지 말자. 우리를 태운 로켓은 마침내 우리은하를 넘어 더 멀리까지 날아간다. 더 멀리 날아가면 우리은하를 넘어선 더 넓은 행정구역을 볼 수 있으니, 바로 국부은하군^{Local Group of Galaxies}이다. 국부는 가깝다는 뜻으로, 이 명칭은 가까운 은하들의 모임이라는 뜻이다. 은하들이 수십 개 모여 있는 것을 은하군이라고 하고, 은하들이 수백에서 수천 개 모여 있는 것을 은하단이라고 한다.

국부은하군에는 은하들이 대략 100개 정도 모여 있는데, 그중 첫 번째가 우리은하이고, 두 번째가 안드로메다은하다. '은하철도 999'라는 만화에서 주인공 철이가 향하는 목적지가 바로 이 안드로메다은하다. 그 외에도 대마젤란은하, 소마젤란은하, 삼각형자리은하 등이 우리은하와 함께 존재한다. 3차원 영상으로 보면 약 100개의 은하가 공존하는 국부은하군의 모습이 무척 흥미롭다.

그런데 우리은하, 안드로메다은하 모두 무거운 천체들이다. 이 무거운 것들이 함께 있으면 무슨 일이 벌어질까? 서로 끌어당긴다. 질량이 있는 물체끼리는 각각의 질량에 비례하고 떨어진 거리의 제곱에 반비례하는 만유인력이 작용해서 서로 끌어당기는 거라고 뉴턴은 설명했다. 한편 아인슈타인은 어떤 질량이 있을 때 그 질량에 맞게 시공간이 휘어져 있고, 그 휘어진 시공간을 따라서 다른 천체가 움직이면서 서로 가까워지는 것이라고 설명했다. 아무튼 우리은하와 안드로메다은하는 서로 끌어당기면서 1초에 100킬로미터씩 가까워지고 있다. 지금 추세라면 대략 60억 년 후에 우리은하와 안드로메다은하는 하나로 합체될 것이다.

이렇게 합쳐진 은하의 이름은 무엇으로 하면 좋을까? 우리은하는 영어로 'Milky Way'라고 하는데, 이것과 안드로메다은하의 이름을 반반 합쳐서 '밀코메다^{Milkomeda}'라고 부르는 학자도 있다. 하버드대학교 천문학과의 아비 로에브$^{Avi\ Loeb}$와 그의 지도 학생 콕스$^{T.J.\ Cox}$는 2008년 논문에서 이 이름을 쓰기도 했다. 그렇다면, 두 은하가 충돌하면 무슨 일이 벌어질까? 일단 각 은하에 1000억 개 정도의 별이 있지만, 놀랍게도 별과 별 사이 공간이 넓어서 별끼리 직접 충돌은 일어나지 않고, 서로 중력에 영향을 조금 주면서 스칠 것이다. 그러나 각 은하에 있는 가스들은 마치 커피에 우유를 섞는 것처럼 서로 모른 채 스치지 못하고 같이 뭉치면서 새로운 별들을 많이 만들어낸다. 이렇게 새로운 별들과 오래된 별들이 마구 섞이게 되면서 시간이 지나면 나선 모양의 은하였던 두 은하가 하나의 큰 타원은하로 변신하게 된다. 이렇게 우주에서는 은하끼리 충돌을 통해서 스스로 모습을 변화시키는 일들이 계속해서 벌어지고 있다.

로켓을 타고 여기서 더 멀리 가게 되면 국부은하군보다 더 큰 행정구역이 나타난다. 바로 국부초은하단$^{Local\ Supercluster\ of\ Galaxies}$이다. 여기서 '초^{超}'는 '어떤 범위를 넘어선' 또는 '정도가 심한'의 뜻을 가진 접두사이다. 그 정도가 심히 거대한 크기의 은하단이라는 뜻이다. 국부초은하단에는 우리 국부은하군이 있고 주변에 다른 은하군과 은하단도 있는데, '초은하단'이라는 이름처럼 그 규모가 너무나도 막대해서 그 크기를 상상하기조차 힘들다. 그곳에는 어마어마한 크기만큼이나 개수를 헤아릴 수 없을 만큼 많은 별이 모여 있다.

그렇다면 이 국부초은하단이라는 행정구역의 수도는 어디일까? 우선 우리가 살고 있는 국부은하군은 아니다. 보통 우주에서 행정구역의 수도는 가장 질량이 큰 천체가 담당한다. 따라서 그 주인공은 국부은하군이 아니라 처녀자리은하단 Virgo cluster of galaxies 이다. 우리은하와 안드로메다은하가 서로 끌리고 있는 것처럼 국부은하군 역시 중력의 영향으로 처녀자리은하단에 조금씩 끌려가고 있다. 대략 150억 년이 흐르고 나면 우리가 속한 국부은하군은 처녀자리은하단에 완전히 합쳐질 것이다. 물론 이 또한 우리가 사는 동안 벌어질 일은 아니니 걱정할 필요는 없다.

종이접기 기술로 만든 우주망원경

천문학자들은 늘 열심히 우주 사진을 찍는다. 카메라에는 벌브 셔터 bulb shutter 라는 기능이 있다. 보통 카메라를 사용할 때는 셔터가 자동으로 열렸다 닫히며 사진이 찍히는데, 'B 셔터'라고도 불리는 이 벌브 셔터 기능을 이용하면 셔터가 닫히는 타이밍을 수동으로 조작할 수 있다. 이 기능은 천체 사진을 촬영할 때 자주 사용되는데, 셔터를 오래 열어두어 노출시간, 즉 빛이 들어오는 시간을 오랜 시간 지속시킬 수 있기 때문이다. 노출시간이 길어지면 아무것도 안 보이는 듯한 빈 공간에서 많은 은하를 포착할 수 있다. 그야말로 우주에 존재하는 무수한 별들이 눈에 잡히는 것이다.

카메라로 천체 사진을 촬영하는 것은 양동이에 빗물을 모으는 과정과 비슷하다. 비가 오는 날에 양동이를 오랫동안 놓아두면 빗물이 양동이에 많이 담기는 것처럼 천체에서 나오는 빛(다른 말로 빛알갱이 또는 광자)이 계속해서 하늘에서 쏟아지고 있기 때문에, 그 빛을 많이 모으기 위해서는 카메라 셔터를 계속 열어서 카메라의 검출기[예전에는 필름이었지만 지금은 Charge-Coupled Device(CCD) 또는 Complementary Metal Oxide Semiconductor(CMOS)라고 하는 반도체 소자로 대부분의 스마트폰에 장착되어 있다]에 계속해서 빛을 축적해야 한다. 망원경이 클수록 큰 양동이를 쓰는 셈이니, 망원경 뒤쪽에 검출기를 부착하고 셔터를 이용해서 노출시간을 원하는 만큼 계속 조절한다.

우리가 아는 망원경 중 가장 유명한 망원경으로는 허블우주망원경Hubble Space Telescope이 있다. 허블우주망원경은 1990년에 지구 저궤도로 발사된 우주망원경으로, 이전에는 우주에 관심 없던 사람들까지도 우주에 관심을 가지게 만들었다. 망원경의 직경이 2.5미터밖에 되지 않지만, 대기권 밖에 있어서 지상 어느 망원경보다도 선명한 영상을 우리에게 보여주었다. 이 망원경이 찍은 〈허블 울트라 딥 필드〉라는 사진은 누구나 한번쯤 본 적 있을 것이다. 허블우주망원경은 미항공우주국에서 공들여서 발사한 망원경인데, 발사 후 얻은 첫 번째 영상은 예상과 달리 많이 이상했다. 초점이 어긋난 영상이었다. 놀랍게도 거울이 설계와 다르게 제작된 것이 문제의 원인이었다. 약 5조 원의 예산을 투입해서 미항공우주국에서 만든 공들여 만든 망원경에 이런 사소한 문제가 있었다니, 또 그것을 또 발사 후에나 알게 되었다니, 이상한 일투성이었다. 아무튼 이 망원경은 발사 3년 후 수리에 성공해서 지금까지 우리에게 우주의 즐거움을 선사해주었다.

허블우주망원경이 찍은 〈허블 울트라 딥 필드〉

허블우주망원경의 뒤를 이어 엄청난 성능을 자랑하는 우주망원경이 2021년 크리스마스에 발사되었다. 바로 제임스웹우주망원경James Webb Space Telescope이다. 18개의 조각 거울을 벌집 형태로 모아 만든 제임스웹우주망원경의 지름 크기는 6.5미터로, 하나의 큰 거울 형태로 지름이 2.5미터인 허블망원경보다 압도적으로 크다. 양동이가 크면 클수록 빗물을 많이 모으는 것처럼 망원경도 크면 클수록 빛 광자를 많이 모아서 어두운 천체, 더 멀리 있는 천체를 볼 수 있다.

그런데 망원경의 규모가 이렇게 크다 보니 로켓에 한 번에 실을 수 없다는 문제가 있었다. 이를 두고 고민하던 과학자들은 일명 '종이접기 기술'을 고안하게 된다. 로켓을 종이접기 하듯이 꾸깃꾸깃 접어서 발사한 다음 우주 공간에 가서 펼친 것이다. 이 기술은 일본 천문학자 미우라 고료三浦公亮에 의해서 고안되었는데, 1995년에 처음으로 태양열 전지판을 접어서 성공적으로 발사한 적이 있다. 이 기술을 제임스웹우주망원경에 적용해서 망원경을 접은 후에 발사하고, 우주에서 차근차근 펼쳐나갔다. 이런 복잡한 기술들로 인해 망원경에 투입된 총예산이 13조 원이나 되었다.

    이렇게 상상하기 어려운 천문학적 비용이 들었지만, 제임스웹우주망원경은 현재 인류가 만든 최고의 기계라는 찬사를 듣고 있다. 2022년 미국의 과학 잡지 《사이언스 Science》는 그해의 최고 혁신으로 제임스웹우주망원경을 선정하기도 했다.

    제임스웹우주망원경은 천문학뿐 아니라 과학계 전체 시각에서도 실로 대단한 발명이자 사건이었다. 그렇다 보니 제임스웹우주망원경이 찍은 최초의 사진을 공개한 당사자는 그 업적에 걸맞게 과학자가 아닌 미국 대통령이었다. 2022년 7월 11일, 미국 바이든 대통령은 제임스웹우주망원경의 최초 영상을 직접 공개했다. 현재 나를 포함한 전 세계 많은 천문학자들이 제임스웹우주망원경이 보내주는 영상으로 심도 있는 연구를 하고 있다.

외계인의 택배 주소는?

이제는 우리의 여정을 마무리해야 할 시간이다. 다시 지구가 있는 쪽을 내려다보자. 지구로부터 이만큼 멀리 날아와 바라보는 우주는 어떤 모습일까? 2000년 미국 천문학자의

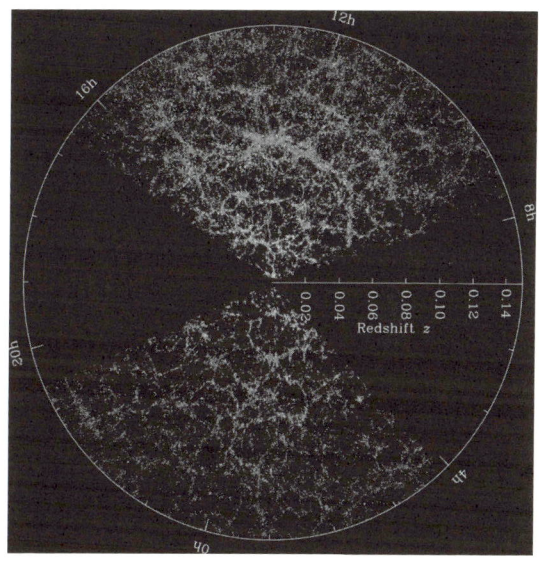

SDSS가 2008년 완성한 3차원 우주 지도 (ⓒsdss.org)

주도하에 시작된 세계 최대 규모의 천문 관측 프로젝트(나를 포함해 많은 한국 천문학자들도 참여했다) '슬론 디지털 하늘 탐사Sloan Digital Sky Survey, SDSS'에서 제작한 우주 지도를 통해 우리는 우주의 모습을 짐작해볼 수 있다.

SDSS가 만든 우주 지도는 2000년부터 8년간 미국 아파치포인트 천문대에서 2.5미터 망원경에 부착한 영상용/분광용 카메라를 이용해 제작되었다. 100만 개의 은하와

우리 세상은
우주의 아주 작은 일부다

왜 우주 지도를 만들까?

앞서 SDSS가 오랜 세월에 걸쳐 만든 우주 지도를 살펴보았다. 그런데 이런 우주 지도를 왜 만드는 걸까? 과거 지구가 어떻게 생겼는지 잘 모르던 시절, 우리는 지구 탐사를 위해 지도를 만들어 사용했다. 콜럼버스나 마르코 폴로와 같은 역사 속 유명한 탐험가들이 먼 길을 떠난 이유도 과연 인간이 어디까지 탐험할 수 있는지, 어디까지 항해할 수 있는지 그 가능성을 알기 위해서였다. 우주 지도를 만드는 이유도 그와 같다.

아쉽게도 지금 우리에게는 우주 항해 기술이 부족하다. 그래서 힘차게 우주로 항해하기 위해서는 더 정확한 지도가 필요한 것이다. 더 정확한 지도를 만들기 위해서는 더 많은 질문도 필요하다. '우리는 넓은 우주에서 어디에 있는가?', '우리는 어디에서 왔고 앞으로 어디로 가는가?' 1장의 가장 앞부분에서 설명한 고갱의 그림 제목이기도 한 이 질문들은 우주의 역사와 이어지는 질문이다. 즉, 우주 지도를 만드는 일은 우주의 역사를 밝히고 인간 존재에 관한 철학적 사유의 해답을 찾아가는 과정으로도 볼 수 있다.

그렇다면 우주 지도를 만드는 일은 언제부터 시작되었을까? 함께 살펴보자. 한번쯤 밤하늘에서 은하수를 본 적 있는가? 망원경이나 카메라의 도움 없이 은하수를 올려다보면 보통은 희뿌연 덩어리들로 보인다. 21세기 과학기술의 시대를 사는 우리는 그것이 단순한 뿌연 덩어리가 아니라는 사실을 알지만, 옛날 사람들은 그 정체를 알지 못했다. 그렇게 신비로운 밤하늘 은하수의 정체를 궁금해하기만 하던 차에 이탈리아의 천문학자 갈릴레오 갈릴레이 Galileo Galilei가 직경이 겨우 4센티미터에도 못 미치는 망원경을 가지고 그것을 올려다보았다.

갈릴레이는 역사상 망원경을 처음 만든 사람 또는 처음 밤하늘을 올려다본 사람으로 알려져 있는데, 둘 다 사실이 아니다. 역사상 망원경을 처음 만든 사람은 한스 리퍼세이 Hans Lippershey라는 네덜란드의 안경 기술자이자 제조업자다. 리퍼세이는 두 눈으로 볼 수 있는 쌍안경도 최초로 만든 사람으로 인정받는다. 그는 볼록렌즈와 오목렌즈 둘을 겹치면 멀리 있는 물체가 가깝게 보인다는 사실을 우연히 발견하고, 이 기구를 특허 신청하려고 했다. 그러나 비슷한 기구를 이미 다른 사람들도 많이 만들었다는 이유로 특허가 받아들여지지 않았다. 이 소식을 들은 갈릴레이는 이 기구, 즉 망원경을 개량해서 천문 관측에 이용했다. 그러나 이 망원경으로 처음 밤하늘을 올려다본 사람 역시 갈릴레이가 아닌 영국의 토머스 해리엇 Thomas Harriot이었다. 토머스 해리엇은 갈릴레이보다 4개월이나 앞선 1609년 8월에 망원경을 이용해서 달을 관측한 스케치를 처음으로 남겼다.

아무튼 갈릴레이가 그 작은 망원경으로 하늘을 올려다봤더니, 은하수는 희뿌연 구름 같은 것이 아니라 바로 별들의 집합체였다. 1610년에 이르러서야 갈릴레이의 정성과 그 작은 망원경 덕분에 은하수의 정체가 밝혀졌다.

갈릴레이에 이어서는 혜성 찾는 작업에 열중하던 18세기 프랑스의 천문학자 샤를 메시에 Charles Messier가 있다. 밤하늘을 자세히 살펴보면 별들뿐 아니라 희뿌연 천체들이 상당히 많은데, 이중 움직이는 천체를 혜성이라고 한다. 그래서 메시에는 혜성 탐색에 방해가 되는 움직이지 않는 희뿌연 천체들의 목록을 먼저 만들어놓는다. 1781년 그는 103개의 움직이지 않는 천체를 기록한 목록을 만드는데, 이것이 바로 메시에 목록^{Messier Catalogue}이다. 그 후에도 다른 사람들이 추가해서 현재 목록에는 총 110개의 천체가 담겨 있으며, 이 목록은 나중에 천문학 연구에 귀중한 자료로 사용되었다.

섀플리와 커티스의 '대논쟁'

지금으로부터 100년 전, 1920년대 사람들 역시 메시에 목록 속 희뿌연 천체의 정체를 궁금해했다. 이 뿌연 것들이 정말 천체는 맞을까? 우주에 존재하는 가스 구름은 아닐까? 이와 더불어 그 당시 사람들이 가장 궁금해하던 것 중 하나는 '우리가 살고 있는 우주는 얼마나 클까?' 하는 질문이었다. 희뿌연 천체의 정체와 우주의 크기에 대한 질문은 전혀 상관없어 보이지만, 각 질문에 대한 답을 찾다 보면 사실 매우 밀접한 관련이 있다는 것을 알게 된다.

이 질문의 해답을 찾기 위해 1920년 4월 26일, 미국국립과학아카데미 주최로 두 명의 천문학자가 스미소니언자연사박물관에서 '우주의 크기The Scale of the Universe'라는 주제를 놓고 토론을 했다. 천문학계의 '대논쟁Great Debate'이라고도 불리는 이 토론에 임한 천문학자는 당시 하버드대학교 천문대의 천문대장이었던 할로 섀플리Harlow Shapley와 앨러게니 천문대의 천문대장이던 히버 커티스Heber Doust Curtis다. 이 논쟁은 참여한 두 천문학자의 이름을 따 섀플리-커티스 논쟁으로도 불린다.

대논쟁에서 섀플리는 "우리가 살고 있는 우리은하가 우주의 전부다. 그래서 우리은하는 엄청나게 크고, 희뿌연 천체들, 예를 들어 안드로메다 성운은 바로 우리은하 안에 있는 천체다"라고 주장했고, 커티스는 "아니다. 우리은하는 적당한 크기를 갖고 있고, 우리은하 밖에도 다른 천체, 다른 은하가 있다. 이처럼 우주는 엄청나게 크고 우리은하는 그 일부일 뿐이다. 따라서 희뿌연 안드로메다 성운은 우리은하 밖에 있는 천체다"라고 주장했다.

두 사람 중 누구의 말이 맞는지 어떻게 판단할 수 있을까? 바로 희뿌연 천체까지의 거리를 측정해서, 그 천체가 그 당시 생각하던 우리은하의 크기보다 밖에 있는지 안에 있는지를 확인하면 된다. 대표적인 천체로 그 당시에는 성운이라고 불렸던 안드로메다 성운을 이용할 수 있었다. 안드로메다 성운까지의 거리를 측정해서 이 문제를 해결하기 위해 나선 천문학자가 바로 에드윈 허블Edwin Hubble이다.

우선 허블은 2.5미터짜리 후커 망원경을 이용해 안드로메다 성운까지의 거리를 쟀다. 그는 안드로메다 성운에 있는 세페이드 변광성이라는 것을 이용해서 거리를 쟀다. 별의 밝기가 변화하는 천체를 변광성이라고 하는데, 그중에서도 세페이드 변광성과 관련해서는 밝기가 변하는 주기와 그 본래 밝기가 비례한다는 레빗Leavitt의 법칙이 알려져 있다. 허블은 변광성의 주기를 측정해서 본래 밝기를 추정하고, 사진에서 얻은 겉보기 밝기를 측정한 뒤, 그 둘의 차이를 이용해서 변광성이 놓인 안드로메다 성운까지의 거리를 측정했다.

그렇게 거리를 재봤더니 섀플리가 생각했던 우주의 크기보다 훨씬 더 바깥쪽에 안드로메다 성운이 위치했다. 우리은하가 우주의 전부가 아니라 우리은하 밖에도 새로운 천체가 있다는 것을 발견한 것이다. 그리하여 대논쟁의 승

리자는 커티스로 밝혀졌다(실제 대논쟁에서는 우리은하 내 태양계의 위치에 관한 주제도 있었는데, 이 주제에 대해서는 태양계가 우리은하 중심에 있지 않다는 주장을 내세운 섀플리가 승리했다). 그리하여 오늘날 우리는 우주가 우리은하보다 더 크고, 우주에는 우리은하 말고도 안드로메다은하를 비롯해 다른 은하가 존재한다는 사실을 알게 되었다.

허블과 섀플리 사이에는 웃지 못할 에피소드가 있다. 안드로메다 성운까지의 거리를 확보한 허블은 섀플리에게 한 통의 편지를 쓴다. 편지에는 다음과 같은 내용이 적혀 있었다.

"섀플리 박사님, 제가 관측해보니 안드로메다 성운이 우리은하 밖에 있더군요. 박사님이 틀리신 것 같습니다."

이 편지를 받은 섀플리의 반응은 어땠을까? 섀플리는 편지를 읽은 직후 연구실에 있던 사람에게 이렇게 말했다고 한다.

"여기 내 우주를 산산조각 낸 편지가 있소."

태양은 무엇으로 이루어졌나

앞선 허블과 섀플리 사이 에피소드와 이어지는 신기한 우연이 있어 한 가지 더 소개하고자 한다. 당시 섀플리의 연구실에서 그의 한탄을 들었던 사람은 그의 제자인 세실리아 페인가포슈킨Cecilia Helena Payne-Gaposchkin으로, 그녀는 태양이 무엇으로 이루어졌는지를 처음으로 밝혀낸 인물이다.

태양은 무엇으로 구성되어 있을까? 당시 별의 스펙트럼에서 지구에서 볼 수 있는 칼슘이나 철 같은 원소들이 관측되었기 때문에, 태양 같은 별들도 지구를 이루는 비슷한 성분들처럼 주로 철과 같이 무거운 원소들로 이루어졌으리라 생각했다. 그런데 세실리아가 별의 스펙트럼을 면밀히 조사하고 최신 천체물리학을 적용해보니, 태양을 포함한 보통의 별들이 주로 철과 같은 무거운 원소들로 이루어진 것이 아니라 가장 가벼운 수소로 이루어져 있다는 것을 알게 되었다. 세실리아는 이 관측 결과를 박사학위 논문으로 썼는데, 당시 그녀의 학위 심사위원이었던 미국의 천문학자 헨리 러셀Henry Russell이 문제를 제기했다.

프린스턴대학교의 천문학자로 미국 천문학회의 대부 같은 존재인 러셀(별의 밝기와 분광형을 정리한 그림인 H-R도의 R이 바로 러셀의 이름 첫 자 R에서 왔다)이 판단하기에 세실리아의 논문은 말이 되지 않았다. 철이 아닌 수소로 그렇게 뜨거운 태양을 만드는 것은 불가능해 보였기 때문이다. 그래서 그는 세실리아의 박사학위 논문을 통과시켜주는 대신 하나의 조건을 내세웠다. 조건은 논문에 세실리아의 주장이 모두 틀릴 수 있음을 명기하는 것이었다. 러셀의 조건을 수락한 세실리아는 자신의 주장이 모두 틀릴 수 있다는 문구를 논문에 추가했고, 우여곡절을 거쳐 박사학위를 받았다.

태양이 수소로 이루어져 있다는 사실을 이미 알고 있는 우리에게는 러셀이 너무하게 느껴질지도 모른다. 하지만 그랬던 헨리 러셀도 이후에는 은근슬쩍 자신의 논문에서 러셀 본인도 태양이 수소로 이루어졌음을 알고 있었다고 밝히기도 했다. 나의 학문적 스승(내 지도교수의 지도교수의 지도교수다)이기도 한 세실리아 페인가포슈킨은 하버드 대학교 천문학과에서 여성 최초로 박사학위를 받고 최초의 여성 교수가 된 유명한 천문학자다. 데이비드 보더니스가 지은 『$E=MC^2$』이라는 책에 태양 연구와 관련된 흥미로운 일화가 더 많이 소개되어 있다.

지금까지 우주 속에서 우리의 주소를 찾아나가면서 우주 지도를 비롯해 은하, 블랙홀, 태양 등 다양한 천체 관측 결과도 만나 보았다. 이 우주여행에서 반드시 알아야 할 가장 중요한 사실은, 우리은하 밖에도 다른 은하가 있다는 것이다. 즉 우주를 차지하는 게 우리은하가 전부가 아니라는 것이 핵심이다. 그렇다면 지금쯤 새로운 궁금증이 들 것이다. 대체 은하라는 건 무엇인가. 이 은하의 정체를 다음 장에서 자세히 살펴보자.

Q 묻고

A 답하기

현대 사회에는 전파간섭계 외에도 전파를 사용하는 기술이 많다. 다른 기술이 사용하는 전파가 전파간섭계 기술을 방해하지는 않는가? 만약 그렇다면 학자들은 그 대안을 어떻게 마련하고 있는가?

방해가 당연히 존재한다. 전파관측을 할 때 제일 큰 문제 요소는 우리의 휴대폰전화이다. 천체에서 오는 전파만 얻어야 하는데 다른 데서도 끊임없이 전파 신호가 들어오기 때문이다. 그래서 전파

천문대를 지을 때 가장 좋은 곳은 전파간섭이 없는 곳이다. 예를 들면 도시가 아닌 시골 같은 데가 좋다.

그나마 다행인 것은, 천체 관측에 쓰는 전파 주파수와 우리들 휴대폰전화에 쓰는 주파수가 다르다는 점이다. 물론 간접적으로 영향을 끼치기는 한다. 그런데 현재 스마트폰 사용자들이 데이터 전송을 더욱 효율적으로 하기 위해 주파수 대역을 늘려달라고 요구하고 있다. 그렇게 되면 일상생활에서 쓰는 주파수가 천체 관측에 쓰는 주파수를 침범하게 되고, 따라서 천체 관측에 지장을 초래할 수밖에 없다.

이에 천문학자들은 차라리 전파망원경을 우주에 짓자고 한다. 우주에 전파망원경을 올려놓으면 지구상의 전파간섭에 아무 영향을 받지 않고 관측할 수 있다. 또 망원경을 지구에서 멀리 떨어뜨리면 지구와의 간격만큼 충분히 큰 망원경 효과를 낼 수도 있다. 그러니 우주로 망원경을 쏘아 올려놓는 일은 천문학계에서 매우 중요한 과제다.

보이저호는 40년에 가까운 기나긴 세월 동안 우주를 탐사하고 있다. 우주에서는 충전을 할 수도 없을 텐데 어떻게 그렇게 오랜 시간 탐사가 가능한 걸까?

우주 공간은 지상과 달리 공기 마찰 같은 것이 거의 없기 때문에 위성이 한번 운동하기 시작하면 그 관성으로 계속해서 우주를 탐사할 수 있다. 따라서 비행 자체에는 동력이 필요 없지만 위성에 부착된 장비를 구동하기 위해서는 전력이 필요하다. 이를 위해서 보이저호는 플루토늄을 이용한 방사성 동위원소 열전기 발전기(Radioisotope Thermoelectric Generator, RTG)로 전력을 얻는다. 간단히는 방사성 동위원소가 붕괴하면서 발생하는 열을 제백Seebeck 효과(금속선 양쪽 끝을 접합해서 폐회로를 구성한 뒤, 한 접점에 열을 가하면 두 접점의 온도 차로 인해 생기는 전위차 때문에 전기가 흐르는 현상)를 이용해 전력을 생산한다.

보이저호에는 플루토늄 238을 사용하는데, 반

감기가 87년이다. 그래서 전력 생산량이 매년 4와트씩 줄었고 열-전기 전환 성능도 같이 줄어서, 원래 470와트 출력이던 것이 2024년에는 294와트 정도로 떨어졌다. 임무 시작 50여 년이 다 되어가는 2025년 이후에는 출력이 너무 떨어져서 지구와의 교신마저도 중단될 예정이고, 2030년 정도면 모든 게 멈출 예정이다. 우리는 앞으로 그 소식을 들을 수 없지만, 2024년 현재 지구로부터 245억 킬로미터 떨어진 곳을 여행 중인 보이저호는 카이퍼 벨트를 너머 태양계를 막 벗어나서 본격적인 우주여행을 시작할 예정이다.

2부

암흑물질, 우주를 지배하는 보이지 않는 힘

암흑물질은 연속적으로 퍼져 있지만, 은하는 띄엄띄엄 존재한다. 시골 마을의 밤 풍경을 떠올려보자. 드문드문 비치는 불빛만 보면 그 빛이 서로 상관없다고 여길 수 있지만, 낮에 보면 모두가 길로 연결되어 있음을 알 수 있다. 이처럼 빛을 통해서 은하를 관측하고, 은하를 이용해서 암흑물질을 연구한다.

바람처럼, 형체 없이 존재하는 암흑물질

빛과 암흑의 우주

본격적으로 우주라는 공간을 파헤쳐보자. 흔히 사용하는 말로 '빙산의 일각'이라는 말이 있다. 우리 눈에는 빙산 끝 밖에 보이지 않지만, 실제 그 아래에는 엄청나게 많은 것들이 숨어 있다는 뜻이다. 우주도 그렇다. 이 우주를 100퍼센트라고 했을 때, 어떤 것들이 이 100퍼센트를 채우고 있을까? 천문학자들의 관측 결과에 따르면 보통의 물질들, 예를 들어, 별, 은하, 행성, 사람, 이런 것들은 우주 전체 질량 또는 에너지의 고작 5퍼센트만을 구성하고 있다.

그렇다면 나머지 95퍼센트는 무엇일까? 천문학자들이 다시 열심히 찾아보니 눈에 보이지는 않지만, 암흑물질과 암흑에너지라는 것이 존재했다. 암흑물질은 우주 전체 질량 또는 에너지의 25퍼센트를, 암흑에너지는 70퍼센트를 구성하고 있었다.

이 수치를 다르게 말하면, 우리는 빛을 내는 것만 눈으로 볼 수 있기에 우주 전체 질량 또는 에너지의 5퍼센트만 볼 수 있고(엄밀히는 이 항목에 빛을 이용해 관측하지 않는 중성미자 등도 포함되기 때문에, 볼 수 있는 물질이라기보다 보통 물질이라고 하는 게 더 정확한 표현이겠다. 그러나, 그 양이 적기도 해서 편의상 볼 수 있는 물질이라고 통칭해서 부르겠다), 나머지를 구성하는 암흑물질과 암흑에너지는 볼 수가 없다. 볼 수 없다는 것은 그 존재 여부를 눈으로 파악할 수 없다는 뜻이기도 하다. 따라서 암흑물질과 암흑에너지는 다른 방식으로 파악해야 하는데, 우리는 눈에 보이는 5퍼센트를 관측해서 나머지 95퍼센트를 이해할 수 있다. 이런 식으로 우주의 100퍼센트를 이해해나가는 것이 바로 천문학 연구의 목표이기도 하다.

본격적인 이야기에 앞서 암흑물질과 암흑에너지가 어떤 개념인지 가볍게 훑어보자. 먼저 암흑물질을 설명하기 전에 '물질'이란 무엇인지 정의할 필요가 있다. 물질은 간단하게 원자나 분자 등으로 이루어져 있으며, 질량이 있으면서 공간에서 어느 정도 부피를 차지하는 것이라고 말할 수 있다. 또한 기본적으로 에너지와 동등하다. 세상에서 가장 유명한 물리학자 알베르트 아인슈타인$^{Albert Einstein}$이 만든 식, $E=mc^2$에서 m은 물질의 질량이고, c는 광속으로 빛이 1초 동안 이동한 거리다. 그리고 E는 에너지다. 이 식을 풀어보면, 물질과 에너지는 서로 변환 가능한 동등한 것으로 이해할 수 있다.

이 개념을 토대로 '암흑물질'을 살펴보자. 천문학자들이 만든 천문학 백과사전에서 암흑물질은 '현재 우주 에너지의 25퍼센트 정도를 차지하고 있으나, 빛을 내지 않아 보이지 않으며 정체가 아직 알려지지 않은 물질'이라고 정의되어 있다. 여기서 핵심은 빛을 내지 않기 때문에 보이지 않는다는 것이다. 보이지 않아서 'dark'이고, 물질이기 때문에 'matter'이다. 그래서 암흑물질이라고 부른다.

여러 가지 천체물리학적 현상들 중에서 관측 가능한 질량보다 훨씬 더 많은 질량이 필요로 해 보이는 중력 현상들을 설명하기 위해서 암흑물질이라는 개념이 도입되었다. 즉, 천체물리학자들은 눈에 보이지는 않지만, 분명히 질량이 존재하는 물질이 있어서 어떤 중력을 만들어낸다고 생각한 것이다.

암흑물질이라는 용어를 처음 제대로 사용한 사람은 미국에서 주로 활동한 스위스 천문학자 프리츠 츠비키$^{Fritz\ Zwicky}$라고 할 수 있다(암흑물질의 개념을 처음 도입한 사람은 절대온도 단위 K로 유명한 켈빈 경$^{Lord\ Kelvin}$으로, 1884년까지 거슬러 올라간다. 그 후에도 캅테인^{Kapteyn}이나 룬드마크^{Lundmark}, 오르트^{Oort} 등이 비슷한 제안을 했지만, 관측 자료 분석의 엄밀성이나 정확한 용어 사용 등의 이유로 보통 츠비키를 암흑물질을 처음 제대로 제안한 사람으로 여긴다). 그가 1930년대에 이 이름을 붙였는데, 그 후로 벌써 90년이 넘었다. 하지만 여전히 암흑물질의 정체는 오리무중이다.

다음으로 '암흑에너지'의 사전상 정의는 '우주를 가속 팽창시키기 위해 전 우주에 걸쳐서 분포할 것으로 추정되는 가상의 것'이다. 물론 느낄 수는 없지만, 우리가 살고 있는 우주는 가만히 있지 않고 팽창한다. 게다가 이 팽창 속도는 일정하지 않고 점점 빨라진다. 도대체 우주는 어떻게 점점 더 빠르게 팽창하는 것일까?

오늘날 과학자들은 우주를 가속 팽창시키는 정체를 암흑에너지라고 생각한다. 우주가 가속 팽창한다는 사실은 1998년에 확실히 밝혀졌는데, 그 원인에 관한 제대로 된 이해가 없어 일단 마이클 터너Michael S. Turner라는 미국의 우주론 학자가 암흑에너지라는 이름을 붙여두었다. 우주에 퍼진 이 암흑에너지가 중력과 다르게 서로 밀어내는 척력을 발휘해서, 우주가 가속 팽창하는 것으로 추정된다. 암흑에너지의 정체를 탐색하는 노력은 오늘날까지도 이어지고 있다.

이렇듯 암흑에너지가 무엇인지 아무도 정확히 모르기 때문에 그 정체를 두고 여러 가지 추측이 있다. 그중 하나가 아인슈타인이 도입한 '우주상수cosmological constant'다. 우주상수가 암흑에너지의 역할을 하고 있다고 추측한 것인데, 이에 대해서는 뒷부분에서 더 자세히 설명하도록 하겠다.

정리하자면 우주에는 암흑물질과 암흑에너지라는 게 존재한다. 암흑물질은 중력, 즉 당기는 인력 역할을 하고, 암흑에너지는 그에 반대되는 척력 역할을 한다는 것이다. 이 암흑물질과 암흑에너지를 구별할 수만 있어도 이 우주여행에서 충분한 소득을 얻는 셈이다.

암흑물질은 마치 바람 같은 것

본격적으로 암흑물질이 무엇인지부터 알아보자. 먼저 바람이 심하게 불어 나무가 쓰러질 듯 누워버린 장면을 떠올려보자. 그 장면에서 우리는 바람의 세기를 짐작할 수 있다. 바람이 몹시 강하게 불어 나무가 쓰러지게 되었을 것이다. 그런데 바람은 눈에 보이지 않는다. 누군가에게 바람의 생김새를 설명할 수 있을까? 우리는 분명 바람의 정체를 알고는 있지만 실제로 그것을 보지도, 만지지도 못한다. 다만 눈앞에 쓰러진 나무를 통해 '여기에 바람이 있다'라고 추측할 뿐이다. 암흑물질도 이 바람과 같다. 암흑물질이 있어야만 일어나는 어떤 현상을 보고 암흑물질이 있다고 판단하는 것이다. 앞서 1부에서 보았던 우리은하 모습을 다시 살펴보자.

우리은하의 중심에는 나선팔이 있고, 태양은 이 중심으로부터 약간 떨어진 곳에 있다. 그런데 이것을 옆에서 보면 별들이 원반처럼 모여 있고, 암흑물질로 이루어진 공 모양의 것이 이 별 원반을 감싸고 있다. 쉽게 달걀에 비유할 수 있다. 달걀노른자를 별 원반이라고 생각하면 흰자는 바로 원반을 싸고 있는 암흑물질이 된다. 이렇게 현재 우리

천문학자들이 관측 자료로부터 재구성한 우리은하의 모습

은하는 암흑물질에 둘러싸여 있고(이것을 암흑물질 헤일로라고 한다), 그 가운데 별들이 원반처럼 분포하는 것으로 추정된다.

그렇다면 도대체 암흑물질이 있다는 증거는 무엇일까?

우주에서는 어떤 일이 일어났기에 과학자들이 암흑물질이라는 개념을 만들었을까?

거리에 따른 공전속도의 변화

이제부터 암흑물질이 존재한다는 사실을 설명하는 데 필요한 네 가지 그래프를 살펴볼 것이다. 다음은 각각 다른 상황에서 거리에 따라 공전속도가 어떻게 변하는지 보여주는 그래프들이다. 먼저 첫 번째 그래프를 먼저 살펴보자.

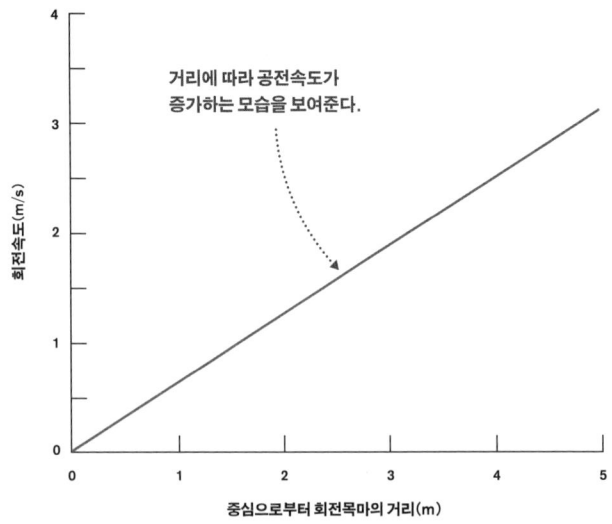

증가하는 직선 형태의 회전 곡선

이 상황은 우리가 회전목마를 타고 있는 경우에 해당한다. 첫 번째 그래프에서 가로축은 회전목마가 중심으로부터 어느 정도 떨어져 있는지를 보여주는 것이고, 세로축은 각각의 목마가 얼마나 빨리 움직이는지 그 속도를 나타내는 것이다. 보통 회전목마는 원형이기 때문에 중심과의 거리에 따라 지름이 달라진다. 즉 중심으로부터 떨어져 있을수록 더 먼 거리를 도는 것이다. 그런데 회전목마는 중심에서 가까이 있든 멀리 있든 상관없이 똑같은 시간 안에 똑같이 한 바퀴를 돈다. 이 조건이 성립하기 위해서는 멀리 있는 회전목마는 가까이 있는 것보다 더 빠른 속도로 돌아야 한다.

그러므로 이 그래프는 중심에서부터 거리가 멀어질수록 회전속도가 빨라진다는 것을 나타낸다. 결국 회전목마가 바닥에 고정되어 있어서 다 같은 시간에 한 바퀴를 돌기 때문에 이런 형태가 된다. 다 같이 붙어서 돌면서, 멀리 있을수록 빨리 돌게 되는 경우를 물리학에서 '강체 회전'이라고 한다.

이번엔 태양계를 살펴보자. 태양계의 수성, 금성, 지구, 화성, 목성, 토성, 천왕성, 해왕성의 움직임도 태양 중심으

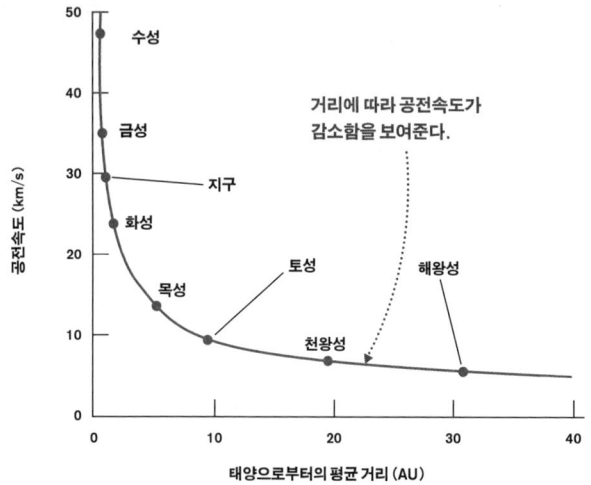

태양계 안 행성들의 회전 곡선

로부터 거리를 가로축으로 하고, 공전속도를 세로축으로 해서 그래프로 만들어볼 수 있다. 두 번째 그래프가 바로 그것이다. 결과를 살펴보면 태양계는 회전목마처럼 모든 행성이 똑같이 1년에 한 바퀴를 도는 게 아니라 제각각임을 알 수 있다.

기본적으로 천체가 도는 것은 회전목마가 도는 것과는 다르다. 어떤 천체가 돈다는 것은 중심에서 무엇인가가 잡아당긴다는 의미인데, 중심에서 잡아당기는 이 힘을 구심력이라고 한다. 예를 들어 내가 물병을 끈에 연결해서 돌린다면, 내가 끈으로 당기는 힘이 구심력 역할을 하는 것이다. 이때 구심력을 크게 하면 할수록 물병이 빨리 돈다. 즉 물병이 도는 속도는 내가 잡아당기는 힘에 달려 있다. 이 개념을 태양계에 적용하면 가운데 있는 태양이 다른 행성들을 잡아 돌린다는 걸 알 수 있다.

이렇게 태양을 중심에 두고 그 주위를 도는 행성의 경우에, 뉴턴의 중력 법칙을 행성의 원운동 조건에 적용하면(간단히 행성의 공전주기 제곱은 그 행성의 타원 궤도 긴반지름의 세제곱에 비례한다는 케플러 제3법칙을 이 조건을 이용해서 얻을 수 있는데, 이 제3법칙에 따라서 멀리 있는 행성이 천천히 움직인다) 가까이 있는 수성이 다른 행성보다 빨리 움직인다는 것을 알아낼 수 있다. 수성을 뜻하는 그리스 로마 신화 인물이 헤르메스^{Hermes}다. 전령의 신 헤르메스가 항상 빨리 움직인다는 점을 생각하면, 상당히 잘 어울리는 이름이다. 그리고 금성, 화성 순으로 멀리 갈수록 천천히 움직인다. 너무 머니까 속도가 느려지는 것이다. 이렇게 각 행성의 1년은 그 기간이 각기 다르다. 중심에 무거운 천체를 두고 행성들이 그 천체 주변을 돌 때 보통 이런 형태의 회전 곡선을 갖는다.

세 번째 그래프는 우리은하의 회전 곡선이다. 태양도 우리은하를 중심으로 도는데, 태양이 한 바퀴 도는 데는 얼마나 걸릴까? 태양은 1초에 220킬로미터를 간다. 눈 깜짝할 사이에 서울에서 대전까지 가는 속도다. 엄청나게 빠른 속도로 움직이는 것이다. 우리은하에 존재하는 다른 천체들의 속도도 한번 측정해보자. 그래프에서 알 수 있다시피 우리은하 중심으로부터 멀리 떨어져 있는 천체들의 속도를 측정해보니 희한하게 회전목마의 회전 곡선이나 태양계 안 행성의 회전 곡선과는 또 다른 곡선 형태를 보였다. 도는 양상이 다른 것이다. 은하 중심에서 거리가 멀어져도 뉴턴 중력 법칙에서 예상하듯이 속도가 줄어들지 않는다. 왜 그럴까? 이것은 태양이 우리은하에서 회전목마처럼 붙어서 다 같이 도는 것도 아니고, 단순히 은하 가운데 태양과 같은 큰 물체를 하나 두고 태양이 도는 것도 아니라는 것을 의미한다. 정확한 이유는 잠시 뒤 설명하겠다.

그런데, 우리은하만 이렇게 이상하게 움직이는 걸까? 다른 은하들은 어떻게 도는지 위의 그래프를 확인해보자.

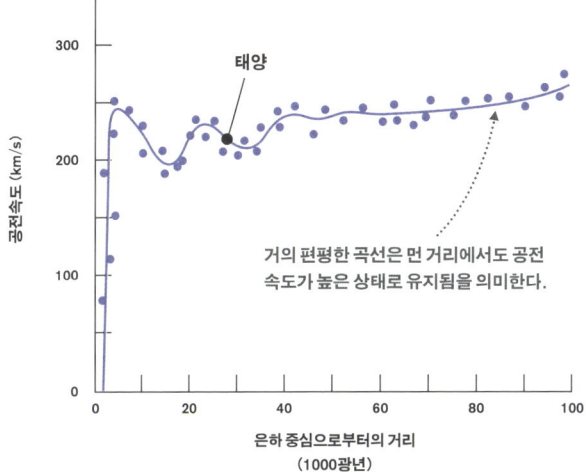

우리은하의 회전 곡선

다음 그래프는 네 개의 나선은하 관측에서 얻은, 은하 중심으로부터 거리에 따른 회전속도 곡선이다. 앞선 그래프들과 비슷하게 은하 중심으로부터 거리에 따라서 얼마나 빨리 돌고 있는지를 나타낸 것이다. 역시 가로축은 은하의 중심으로부터의 거리이고, 세로축은 공전속도다. 결과는 회전목마의 회전이나 태양계 안 행성들의 회전과 다르게, 우리은하와 마찬가지로 가장 안쪽에서 도는 속도가 갑자기 빨라지다가 그 이후로 거의 비슷한 속도로 돌고 있

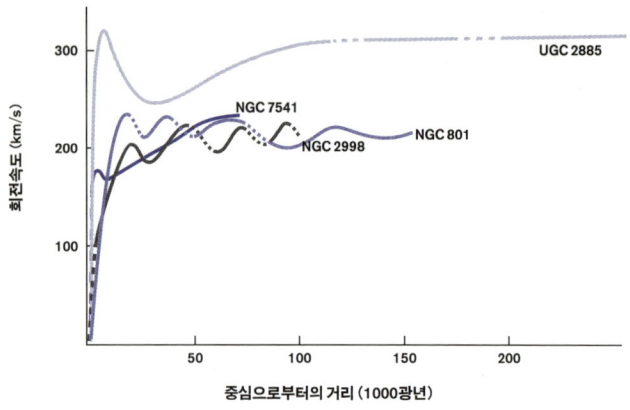

네 개의 나선은하로부터 관측된 회전속도

음을 알 수 있다. 여기서 거의 편평한 곡선 그래프는 먼 거리에서도 공전속도가 높은 상태로 유지된다는 것을 의미한다.

이제 은하들의 회전속도 양상을 정리한 그림을 살펴보자. 회색, 파란색 동그라미는 우리가 관측을 통해서 얻은 자료다. 한편 앞서 언급했던 것처럼 은하에서 눈에 보이는 물질의 질량을 알면 뉴턴 법칙을 이용해서 각 위치에서 얼마나 빨리 돌아야 하는지를 예측할 수 있다. 그렇게 계산한 예측값이 바로 점선이다. 여기서 문제는 실제 관측값인에서 구한 실선이 예측값인 점선과 일치하지 않는다는 것이다. 즉, 관측 가능한 물질의 양으로 얼마나 빨리 돌지 예측해보니, 예를 들어 거리가 4만 광년 떨어져 있을 때 실제 측정한 값은 초속 100킬로미터가 넘는데 예측한 값은 초속 50킬로미터도 되지 않았다.

왜 이런 차이가 나는 걸까? 쉽게는 계산을 잘못했거나 뉴턴 법칙이 은하에서는 잘 적용되지 않는다고 생각할 수 있는데, 이것에 관해서는 곧 설명하겠다. 다른 생각으로는 눈에 보이는 물질이 전부가 아니라, 눈에 보이지 않는 물질이 그곳을 채우고 있어서, 실제 은하의 질량은 더 큰 게 아

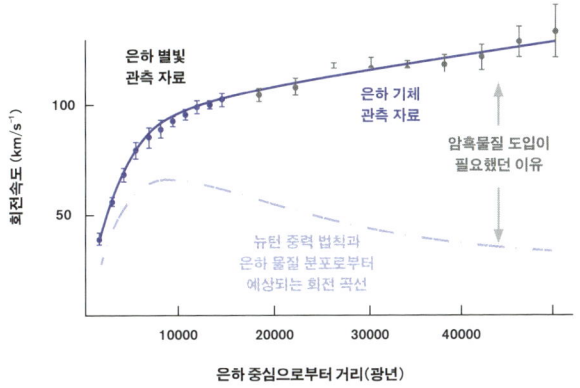

은하들의 회전속도 양상

닐까 하고 추측할 수 있다. 보이지 않는 더 큰 힘이 더 세게 잡아당겨서 더 빨리 도는 게 아닐까 하고 말이다. 이게 바로 눈에 보이지 않는 물질, 바로 암흑물질 개념이 도입된 이유다.

이런 식으로 은하 내 별들의 회전속도를 측정해 암흑물질의 증거를 제시한 인물은 미국의 여성 천문학자 베라 루빈Vera Rubin이다. 1980년대에 은하들이 얼마나 빨리 도는지를 측정해서 눈에 보이지 않는 암흑물질의 중력이 더 필요하다는 것을 처음 밝힌 것이다.

그런데 베라 루빈보다 앞서서 암흑물질의 존재를 주장한 사람이 있었으니, 바로 스위스의 천문학자 프리츠 츠비키다. 그는 암흑물질이 있어야만 은하단 관측 결과를 설명할 수 있다고 베라 루빈보다 50년이나 먼저 주장했지만, 당시에는 아무도 그의 말을 믿지 않았다. 여기에도 웃지 못할 사연이 있다. 츠비키는 학문적으로는 뛰어났지만, 성품이 괴팍했던 탓에 사람들이 그의 주장에 귀 기울여주지 않았다. 프리츠 츠비키가 펼친 주장에 대해서는 2부의 뒷부분에서 더 자세히 설명하겠다.

암흑물질이 유일한 설명 방법일까?

그런데 정말 암흑물질이 유일한 설명 방법일까? 은하 회전 속도에서 관측과 예측이 차이 나는 이유를 두고, 눈에 보이지 않는 물질을 상정해서 질량을 크게 만들어 무언가 더 빠르게 잡아 돌리고 있다고 하는 것 말고 다른 설명 방법은 없는 걸까?

바로 이어서 설명하겠지만 은하의 회전 곡선만 생각하면 다른 설명도 가능하긴 한데, 다른 관측 결과를 종합적으로 설명하는 데 있어서는 아직 암흑물질보다 좋은 설명은 없다. 물론 뉴턴의 중력 법칙이 틀린 게 아니냐고 질문할 수 있다. 우리 지구상에서는 뉴턴의 중력 법칙이 잘 들어맞지만(여기서는 아인슈타인의 상대성이론도 뉴턴의 중력 법칙의 예상과 크게 다르지 않아서 같은 것으로 간주해도 된다), 지구보다 훨씬 큰 규모의 우주에서는 뉴턴 법칙이 적용되지 않을 수도 있지 않을까?

나와 윤영섭 박사, 박종철 교수가 함께 이에 대해 연구한 적이 있다. 그 결과가 「벌린데의 창발중력이론으로 은하 회전 곡선 이해하기」라는 논문에 담겨 있다. 우리 연구의 핵심은 뉴턴 중력 법칙이 아닌 네덜란드의 이론물리학자 에릭 벌린데$^{Erik\ Verlinde}$라는 사람이 만든 새로운 중력 법칙으로 은하의 회전 곡선을 설명한 것이다. 이로써 암흑물질을 도입하지 않고 중력 이론을 바꿔서 은하의 회전 곡선을 설명하는 일이 가능하다는 성과를 얻게 되었다.

물론 여러 가지 문제가 있긴 하지만, 일단 뉴턴 법칙만으로 꼭 설명해야 하는 것은 아니라는 점을 밝힌 것이다. 이렇게 뉴턴의 중력 법칙을 수정해야 한다는 이론을 수정뉴턴역학이라고 한다. 우리나라에서도 수정뉴턴역학에 관한 연구가 이어지고 있다. 2023년 7월 26일자 《스페셜경제》에 실린 「채규현 세종대 물리천문학과 교수, 뉴턴 이론을 뒤집어」라는 기사를 보면, 채규현은 장주기 쌍성의 궤도운동에서 뉴턴역학이 붕괴한다는 결정적인 증거를 얻었다고 밝히기도 했다.

이처럼 현재 수정뉴턴역학을 이용해서 암흑물질을 도입하지 않고 천문학적 관측을 설명하고자 하는 노력이 많이 진행되고 있지만, 아직 완벽하지 않다. 은하단이나 우주거대구조 같이 은하보다 훨씬 더 큰 규모에서는 여전히 암흑물질로 설명하는 게 훨씬 더 잘 들어맞는다. 그래서 우리 눈에는 보이지 않지만, 암흑물질이 있다고 여기는 것이다.

암흑물질의 증거는
무엇인가

너무도 많고 많은 '은하'들

앞서 우리은하 모습을 보면서 별들이 있는 원반을 암흑물질이 왜 동그랗게 싸고 있어야 하는지 언급하지 않았다. 실제 내용은 복잡하지만, 간단히 설명하자면, 은하 원반이 깨지지 않고 안정적으로 계속해서 도는 상태를 유지하기 위해서는 원반 전체를 공처럼 싸고 있는 암흑물질이 필요하기 때문이다. 즉, 우리은하의 모습을 상상할 때 달걀흰자처럼 암흑물질이 우리은하를 싸고 있어야만 은하 원반이 안정적으로 유지될 수 있다는 것이다.

그런데 은하에도 여러 가지 종류가 있다. 우주에는 은하가 수천억 개는 넘게 있으니 그 종류가 얼마나 많겠는가.

우리은하처럼 나선팔이 있고 바람개비처럼 생겨서 나선은하라고 하는 것도 있고, 타원처럼 생겨서 타원은하라고 하는 것도 있다. 타원은하 중에는 럭비공처럼 많이 찌그러진 것도 있고 조금 찌그러진 것도 있으며, 나선은하 중에도 바람개비가 많이 풀린 것이 있고 적게 풀린 것이 있다.

나선은하 중에서도 중심에 별들이 막대처럼 늘어선 은하들이 있는데, 이런 것들을 막대나선은하라고 부른다. 이렇게 많은 은하들을 체계적으로 종류별로 정리하는 게 필요했고, 이를 위해 허블이 제안한 분류 체계를 일컬어 '허

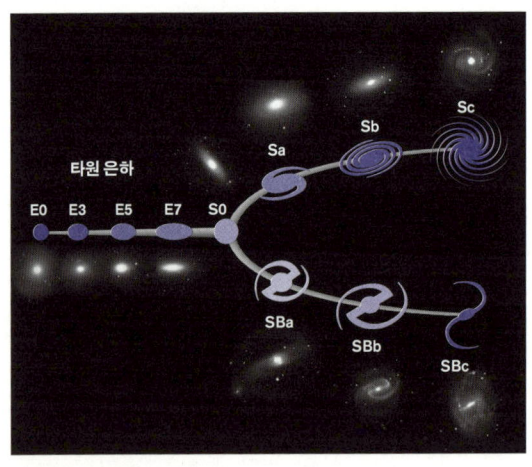

허블소리굽쇠도 (ⓒNASA, ESA)

블소리굽쇠도^{Edwin Hubble's Tuning Fork}'라고 한다. 은하를 형태학적으로 분류한 도표가 소리굽쇠 모양이라서 이렇게 부르는 것이다.

은하의 암흑물질은 눈에 보이지 않기 때문에 눈에 보이는 별들의 분포를 아는 게 암흑물질 연구의 첫걸음이다. 따라서 은하의 형태를 알면 암흑물질을 연구하는 데 큰 도움이 된다.

하지만 문제는 은하가 많아도 너무 많다는 것이다. 어떤 것이 나선은하이고 어떤 것이 타원은하인지 은하 하나하나를 분류해줘야 하는데, 수천억 개가 넘는 은하를 어느 세월에 분류할 것인가. 당연히 인간 혼자의 힘으로 할 수 없으니 컴퓨터의 도움을 받아야 한다. 그런데 컴퓨터를 이용하는 것 말고 또 어떤 방법이 있을까? 바로 우리가 직접 하는 것이다. 사진을 보고 개와 고양이를 구분하는 작업을 사람이 컴퓨터 인공지능보다 잘하는 경우가 많다. 비슷하게도 은하 형태가 무엇인지 분류하는 작업을 컴퓨터보다 사람이 잘하는 경우가 많다. 다만 많은 사람이 필요할 뿐이다.

이렇게 많은 사람이 필요한 과학 연구에 직접 참여할 수 있는 방법이 있다. 바로 고등과학원 Open KIAS 센터에서 주관하는 '시민과 함께 과학'이 그곳인데, 여기에서는 과학자들이 실제로 활용하는 방대한 양의 자료를 대중에게 공개함으로써 시민들이 직접 연구 자료를 가공해 연구에 참여할 수 있도록 한다.

고등과학원과 서울대학교가 공동으로 진행하는 시민과 함께 과학의 첫 번째 프로젝트로, 내가 책임자 역할을 수행하고 있는 것이 '모두의 은하 연구소'다. 이곳에서는 'A-SPEC 은하 분류 프로젝트'를 진행하고 있는데, 시민과 함께 과학 홈페이지(https://시민과함께과학.kr)에 가면 다음과 같은 프로젝트 취지를 볼 수 있다.

> 밤하늘에는 수많은 별이 있습니다. 또 수많은 은하가 있습니다.
> 이런 별과 은하들은 어떻게 태어났을까요?
> 시민 여러분들과 함께 이 질문에 대한 답을 찾고 싶습니다.

프로젝트 내용은 시민의 손으로 은하를 하나씩, 하나씩 분류하는 것이다. 은하 하나하나의 영상을 보고 그것이 타원은하인지 나선은하인지를 분류하는 것으로, 이 작업에 참여한 시민은 그 공로를 인정하는 참가 증명서를 받을 수 있다. 이 분류 결과는 천문학 연구에 귀하게 활용될 예정이다. 실제로 은하가 나선인지 타원인지 구분하는 일은 매우 간단하다. 은하 분류를 많이 한 시민은 그 자료를 바탕으로 천문학자와 함께 논문 작업도 하므로, 그 공로가 길이길이 기록되어 이름을 남길 수도 있으니 많은 시민의 참여를 기대한다.

은하단 은하들의 움직임을 보라

은하들은 우주에 혼자 있지 않다. 은하들이 수십 개 모여 있는 것을 은하군Galaxy Group이라 하고, 은하들이 수백, 수천 개 모여 있는 것을 은하단Galaxy Cluster이라고 한다. 이 은하군과 은하단에서도 암흑물질의 증거를 찾을 수 있다. 은하단 속 수천 개 은하들은 가만히 있지 않고 서로 태양계를 돌 듯 움직이는데, 그 운동을 분석하면 이 은하단이 얼마나 무거운 천체인지를 알 수 있다. 이것이 프리츠 츠비키가 처음 암흑물질의 존재를 밝힌 방법이다.

프리츠 츠비키가 관측한 은하들이 움직이는 모습

위 그림은 은하단에서 은하들이 움직이는 모습을 화살표로 표시한 것으로, 츠비키의 관측을 요약한 것이다. 은하단은 우주가 팽창하기 때문에 왼쪽에 있는 관측자로부터 다 같이 멀어진다. 이 와중에 은하단 속에는 자체 중력으로 인해 은하들이 뭉쳐 있는데, 이 은하들은 은하단의 중력에 맞는 속도로 움직인다.

앞서 예로 들었듯, 물병이 도는 속도는 바로 안에서 잡아당기는 힘, 즉 구심력에 의존한다고 했다. 여기서 구심력은 은하단의 자체 중력이며, 그 중력의 크기는 바로 그 은하단에 물질이 얼마나 많이 모여 있는지, 즉 질량과 관련이 있다. 따라서 속도를 재면 그 은하단의 질량이 얼마인지를 알 수 있다는 것이다.

그래서 츠비키는 은하단 내에서 은하들이 움직이는 속도를 측정한 다음, 뉴턴 법칙을 이용해서 이 은하단이 안정적으로 유지되려면 얼마나 많은 질량이 필요한지 계산했다. 또한 망원경으로 얻은 영상에 나타난 은하들의 밝기와 개수를 헤아려 눈에 보이는 물질의 총질량을 계산했는데, 놀랍게도 이 질량이 역학적으로 안정되기 위해 필요한 질량보다 한참이나 모자랐다. 500배나 되는 차이였다. 이 말인즉 우리 눈에 보이는 질량보다 은하들의 운동을 설명하기 위해 필요한 질량이 500배나 더 많다는 것이다. 결국 눈에 보이지 않는 물질의 중력 덕분에 은하들이 빠른 속도로 움직여도 은하단이 안정적으로 자리 잡고 있는 것이다.

그래서 츠비키는 눈에 보이지 않는 질량, 즉 암흑물질이 은하단을 채우고 있어서 은하단을 안정적으로 붙잡아두고 있다고 주장했다. 스위스 출신인 그는 1933년에 이 결과를 처음으로 독일어 논문으로 발표했고, 1937년에 캘리포니아공과대학교에서 연구하면서 추가 분석을 더해 영어 논문으로 다시 발표하기도 했다. 하지만 말했다시피 그 당시에는 아무도 그의 말을 들어주지 않았다. 그러다가 1980년에 베라 루빈이 은하의 회전 곡선 관측을 통해 암흑물질의 필요성을 제시하고 나서야 암흑물질이 세상에 널리 알려졌다. 그제서야 학계에서도 진작 츠비키가 언급했다는 사실을 진지하게 받아들였다.

암흑물질의 또 다른 증거 '중력렌즈'

암흑물질의 증거를 은하에서도 찾았고, 은하단에서도 살펴보았다. 이에 더해 그다음 증거로는 중력렌즈gravitational lens 효과가 있다. 중력렌즈는 말 그대로 중력으로 생긴 렌즈다. 어렸을 적 돋보기로 햇빛을 모아서 종이 태우는 실험을 많이 해봤을 것이다. 그것처럼 중력이 질량을 이용해 빛이 휘어지게 하는 렌즈 역할을 한다는 게 바로 중력렌즈 효과다.

    중력렌즈 효과는 일반상대성이론의 결과로, 빛은 직진하지만 시공간 자체가 휘어져 있어서 그 빛이 휘어진 것처럼 보이는 현상을 말한다. 깔때기를 떠올리면 훨씬 쉽게 이해할 수 있다. 깔때기에 구슬을 넣으면, 구슬은 직진하고 싶어도 깔때기 자체가 휘어져 있기에 깔때기를 타고 돌 수밖에 없다. 빛도 마찬가지다. 시공간이 휘어져 있으면 빛도 휘어진 것처럼 보인다. 그렇다면 누가 시공간을 휘게 했을까? 바로 질량이다.

우주에서의 중력렌즈 효과를 한번 상상해보자. 태양이 한가운데 있고 왼쪽에 지구가 있으며, 어떤 별 A가 태양 뒤편에 있다. 지구에서 별 A를 관측하면 어떤 일이 일어날까? 먼저 태양의 질량으로 인해 태양 주변의 시공간은 휘어진 상태다. 그러므로 태양 뒤편에 있는 별 A의 빛은 태양 주변을 통과하면서 휘게 된다. 그런데 지구에서 볼 때, 빛은 직선운동만을 하기 때문에 우리는 직선 경로로 빛이 왔다고 착각한다.

이렇게 되면 지구에서 관측되는 별 A의 위치와 실제 위치가 달라진다. 즉 원래 있어야 할 위치와 겉보기 위치가 달리 보이는 것인데, 이게 중력렌즈 효과 때문이다. 그리고 이것이 바로 '천체의 질량이 시공간을 휘게 한다'라는 아인슈타인의 일반상대성이론의 결과다.

아인슈타인이 일반상대성이론을 제안하고 태양의 중력

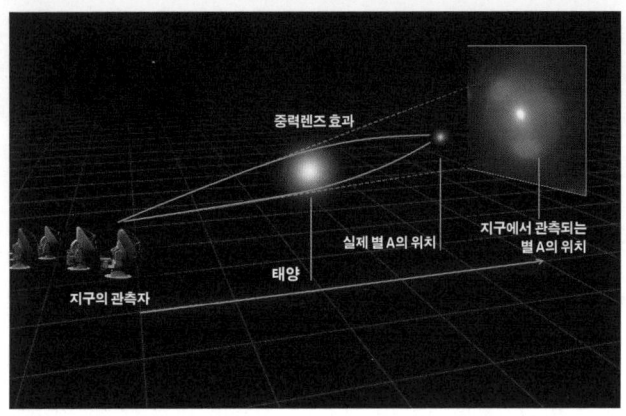

태양의 중력렌즈 효과 (ⓒeso.org)

렌즈 효과를 예측한 후, 영국의 천문학자 아서 스탠리 에딩턴 경Sir Arthur Stanley Eddington은 이를 검증하기 위해서 1919년 달이 태양을 가리는 일식 때 태양 뒤편에 있는 별을 관측했다. 스탠리가 촬영한 사진을 보면, 태양 주변에 있는 별들에 점이 두 개씩 찍혀 있다. 각각 태양이 가리지 않았을 때 관측된 위치와 태양이 가렸을 때 관측된 위치를 표시한 것이다. 즉 이 두 개의 점이 실제 위치와 겉보기 위치의 차이를 보여준 셈이다. 스탠리는 그 차이를 측정했는데, 1.6각초로 아인슈타인이 예측한 1.75각초와 오차범위 내에서 일치해서 아인슈타인의 일반상대성이론, 즉 천체가 있으면 시공간이 휘어진다는 것을 증명했다. 이 결과 아인슈타인은 슈퍼스타가 되었다.

이번에는 태양 대신 그 자리에 타원은하를 놓아보자. 그리고 타원은하 뒤에 있는 은하를 관측하게 되면, 이 은하 빛의 경로도 마찬가지로 휘어진 것을 볼 수 있다. 타원은하가 가운데에서 렌즈 역할을 하는 것이다. 만약 뒤에 있는 은하가 나선팔이 있는 나선은하일 경우, 휘어진 시공간을 지나 중력렌즈를 겪으면서 모양이 더 이상하게 틀어질 수 있다. 단순히 위치만 달라지는 것이 아니라 관측되는 모양도 바뀌는 것이다(실제로는 밝기도 변한다). 이를 강한 중력렌즈 효과라고 한다.

다음으로는 태양 자리에 은하단을 놓을 수도 있다. 어느 나선은하가 은하단이 만드는 중력렌즈를 통과하면, 이때는 나선의 모양은 완전히 사라지고 이상한 선들이 뱀처럼 이리저리 늘어선 모양으로 보이게 된다. 이전과 마찬가지로 은하단 뒤편에 있는 나선은하의 빛이 도달하던 중에 은하단 질량의 영향으로 휘어진 시공간을 통과하면서 왜곡이 생기기 때문이다. 이 왜곡의 정도가 은하단에서 약하게 나타나는데, 이를 약한 중력렌즈 효과라고 한다. 놀랍게도 은하 규모의 중력렌즈가 발견되기 한참 전인 1937년에 츠비키는 은하단이 중력렌즈 효과를 일으킬 것이라는 주장을 가장 먼저 하기도 했다.

그런데 이게 암흑물질과 무슨 상관이 있는 걸까? 천문학자들은 이 휘어진 정도가 렌즈 역할을 하는 천체의 질량에 비례한다고 알고 있다. 그래서 휘어진 정도를 측정하면 가운데에서 중력렌즈 역할을 하는 천체의 질량을 측정할 수 있다는 것이다.

이 중력렌즈 효과를 일으키기 위해 필요한 질량과 눈에 보이는 천체 질량의 총합을 비교해보니, 역시 마찬가지로 중력렌즈 현상을 일으키려면 질량이 훨씬 더 많이 필요했다. 따라서 이를 관측한 천문학자들은 눈에 보이지 않는 물질의 질량이 시공간을 더 많이 휘게 했고, 그 결과로서 뒤에 있는 은하가 더 이상하게 보인다는 것을 이해하게 되었다. 이렇듯 중력렌즈 효과 또한 암흑물질의 증거로 작동하고 있다.

천체의 조화를 구성하는 세 가지 색

중력렌즈 효과를 이용해서 우주 공간에 물질이 어떻게 퍼져 있는지 한 장의 사진으로 표현할 수도 있다. 예를 들어 은하단 사진을 찍는다고 생각해보자. 먼저 렌즈 역할을 하는 은하들을 찍는다. 그러면 하얗게 은하들 속의 별빛이 찍힌다. 그다음 X선을 볼 수 있는 X선 망원경으로 은하단 내 가스를 감지해 찍어서, 붉은색으로 표시한다. 이 X선 망원경은 우리가 병원에서 볼 수 있는 X선 기계와 똑같은 것이다.

하얀 별빛과 붉은 가스가 찍힌 사진 위로 멀리 있는 은하들의 빛이 얼마나 휘어졌는지를 관측하고 중력렌즈 역할을 하는 암흑물질이 어떻게 퍼져 있는지 예측해서 파랗게 표시한다. 이렇게 하면 흰색 물질과 붉은색 가스, 파란색 암흑물질, 세 가지가 함께 모여 있는 사진이 완성된다. 이 사진은 중력렌즈 효과 분석을 통해서 만든 일종의 지도라고도 할 수 있다.

이렇게 다양한 성분의 공간 분포를 보여주는 지도에서 암흑물질 존재에 관한 또 다른 중요 증거가 발견되었는데, 바로 총알은하단$^{Bullet Cluster}$이다. 총알은하단의 물질 분

총알은하단의 모습 (ⓒESA)

포 지도를 살펴보면, 눈에 잘 보이는 은하들과 암흑물질들이 잘 섞인 상태로 비슷한 위치에 모여 있다. 그런데 X선을 내는 뜨거운 가스는 암흑물질과 섞이지 않고 떨어져 있다. 그러니까 총알은하단은 뜨거운 가스와 암흑물질 은하들이 서로 떨어져 있는 매우 특이한 천체다. 가스들이 모여 있는 부분에 은하단 충돌 때문에 생긴 충격파가 보이는데, 그 모습이 총을 쏘면 총알이 나가는 모습과 비슷해서 총알은하단이라는 이름이 붙었다.

총알은하단은 어떻게, 왜 이런 이상한 모습을 하게 된

걸까? 이 은하단은 실제로 두 은하단으로 이루어지며, 작은 은하단이 빠른 속도로 큰 은하단과 충돌해서 만들어진 것이다. 암흑물질과 은하와 가스, 이 세 성분이 잘 섞여 있던 은하단이 서로 스치는데, 만약 서로 아무 상관이 없으면 제각기 갈 길을 갔을 것이다. 그래서 은하와 암흑물질은 충돌과 상관없이 남 보듯 지나가버렸지만, 각각의 은하단 가스들은 그렇게 무심하게 서로를 보내지 못하고 그리워한 나머지 뒤처지게 된 것이다.

이렇게 된 이유는 가스가 서로 스칠 때 반응하는 정도가 은하와 암흑물질이 스칠 때 반응하는 정도와 다르기 때문이다. 한쪽에는 마치 점성이 있다고 생각하면 된다. 물이 흘러가는 것과 점성이 있는 꿀이 흘러가는 것은 속도 면에서 상당한 차이를 가져오지 않는가.

여기서 중요한 점은 중력렌즈 효과를 통해 유추해낸 은하단의 전체 질량 분포가 X선을 통해 관측한 은하단의 초고온가스 분포와 일치하지 않는다는 것이다. 보통 은하단에서 빛을 내는 성분은 가스와 은하가 있는데, 가스가 훨씬 더 질량이 크다고 알려져 있다. 따라서 암흑물질이 없다면 렌즈 역할을 할 질량 대부분이 가스의 분포와 일치해야 할 것이다. 그러나 중력렌즈로 얻은 질량 분포가 가스의 분포와 공간적으로 떨어져 있다는 것은 가스 이외의 질량, 즉 암흑물질이 중력렌즈 효과를 만드는 데 크게 기여했다는 말이 된다(암흑물질의 분포가 은하 분포와 일치하지만, 눈에 보이는 은하 질량의 총합은 중력렌즈 효과를 다 설명할 수 없다). 이렇듯 총알은하단은 암흑물질이 존재한다는 또 다른 중요한 증거가 되었고, 암흑물질과 가스 사이의 위치 차이를 이용해서 암흑물질의 정체를 밝히는 데도 크게 기여하고 있다.

공룡이 멸망한 게
암흑물질 탓이었다니!

보이는 것을 통한 '보이지 않는 것'의 탐구

과학자들은 보통 암흑물질이 작은 규모에서는 은하 내 별들을 둘러싸고 있으며, 큰 규모에서는 거미줄처럼 우주 곳곳에 퍼져 서로 연결되어 있다고 생각한다. 암흑물질을 볼 수 있는 사진기가 있으면 좋으련만, 우리는 기본적으로 암흑물질을 볼 수가 없다. 그렇다면 그것이 거미줄처럼 뻗어 있다는 사실은 도대체 어떻게 알 수 있을까?

가장 먼저 떠올릴 수 있는 것은 컴퓨터로 가상의 우주를 구현해서 연구하는 것이다. 컴퓨터로 우주를 만들어 거기에 암흑물질도 넣고, 가스도 넣는 것이다. 그렇게 만든 가상 우주를 살펴보면 암흑물질이 많이 모이는 곳에는 그 중력 때문에 자연스럽게 가스도 많이 모인다. 그러면 가스가 뭉쳐서 별과 은하가 생겨나며, 그곳은 마치 교통의 요지 같은 모습으로 교차점을 이룬다.

그래서 암흑물질은 연속적으로 퍼져 있지만, 은하는 띄엄띄엄 존재한다. 시골 마을의 밤 풍경을 떠올려보자. 드문드문 빛나는 불빛만 보면 서로가 아무 상관없이 보일 수 있지만, 낮에 보면 집과 집이 길과 길로 연결되어 있음을 알 수 있다. 이처럼 실제 관측할 수 있는 것과 관측할 수 없는 것은 다르다.

빛을 통해서 은하를 관측하고, 은하를 이용해서 암흑물질을 연구하는 것을 영어로 "thinking about dark with light"라고 이름 붙여보았다. 눈에 보이는 빛을 이용해서 눈에 보이지 않는 물질을 연구하는 것이다.

암흑물질을 실제로 검출할 방법은 없을까? 사실 암흑물질 검출을 두고 여러 가지 도전이 있었다. 무엇보다 암흑물질은 빛을 내지 않아서 볼 수 없다 뿐이지 그 정체는 물질이기 때문에 무언가와 충돌할 수 있다. 그래서 첫 번째로 생각한 방법은 암흑물질에 직접 부딪혀보는 것이다. 검출기를 만들어 그 검출기 내부의 원자핵에 암흑물질이 직접 부딪힐 때까지 기다리면서, 충돌하는 순간의 원자핵 변화를 측정하는 것이다. 눈에 보이지 않아도 원자핵의 변화로 그 존재를 알 수 있다. 이것을 직접 검출이라고 한다.

직접 검출이 있다면 당연히 간접 검출도 있다. 예를 들어, 우리은하 바깥에 존재하는 어떤 암흑물질이 가만히 있지 못하고 소멸하거나 붕괴한다고 가정해보자. 그때 감마선 빛과 함께 중성미자neutrino 같은 입자들이 나올 것으로 기대하는데, 이 감마선을 검출해서 암흑물질이 있다는 것을 추정하는 게 바로 간접 검출 방법이다.

또 다른 방법은 가속기에서 검출하는 것이다. 거대강입자가속기Large Hadron Collider, LHC 같은 고에너지 가속기에서 양성자를 가속해 서로 충돌시킬 때 암흑물질이 만들어질 것으로 기대할 수 있다. 하지만 암흑물질은 여전히 빛을 통해서는 알 수 없기 때문에 암흑물질이 만들어졌다가 붕괴하면서 나오는 에너지양을 측정해서 암흑물질이 있다고 추론할 뿐이다. 이 방법 역시 사라진 에너지양으로부터 간접적으로 암흑물질을 검출하는 것이다.

이 세 가지 방법 중에서 천문학자들은 주로 두 번째 간접 검출 방법을 쓰고, 물리학자들은 첫 번째 직접 검출 방법과 세 번째 가속기 검출 방법을 사용한다. 구체적인 검출 방법은 뒷부분에서 설명하겠다.

암흑물질 후보들

그렇다면 암흑물질이 무엇인지에 대해서는 정말 아무것도 알려진 바가 없을까? 그렇지는 않다. 당연히 지금까지의 연구 성과로 공식 석상에 오른 후보군이 있다.

첫 번째 후보는 마초MACHO다. 'Massive Astrophysical Compact Halo Object'의 약자로, 직역하면 '질량이 있고 천체물리학적으로 밀집된 헤일로 천체'이다. 은하의 헤일로에 존재할지도 모르는 어두운 별, 갈색왜성, 행성, 중성자별, 블랙홀 등 관측하기 어려운, 밀집된 천체를 말한다. 스스로 빛을 내지 않는 천체들이라 암흑물질 후보로 천문학자들이 가장 손쉽게 떠올릴 수 있는 것들이었는데, 미시중력렌즈 실험 등을 통해서 그 양이 우주 속 암흑물질 전체의 양을 설명하기에 턱없이 부족하다는 결론을 얻었다.

그다음으로 부상한 후보가 윔프WIMP이다. 이것은 'Weakly Interacting Massive Particle'의 약자로, 중력과 약한 상호작용만을 하는 가상의 입자다. 지금은 돌아가신 물

서가
서울대 가지 않아도 들을 수 있는 명강의
명강

서울대 가지 않아도 들을 수 있는 명강의, [서가명강]은 대한민국 최고 명문대학인 서울대학교 교수님들의 강의를 엮은 도서 브랜드로, 다양한 분야의 기초 학문과 젊고 혁신적인 주제의 인문학 콘텐츠를 담아 시리즈로 발간하고 있습니다.

· 서가명강 프로세스 ·

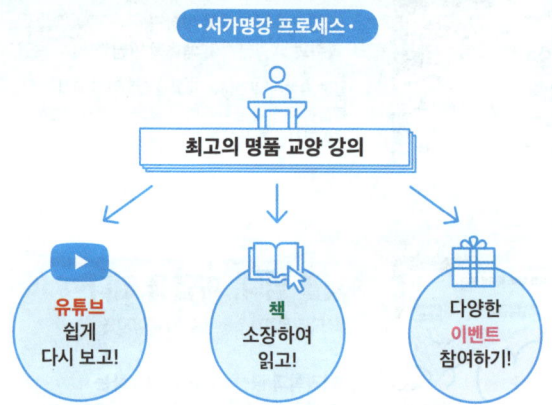

유튜브에 어떤 영상들이 있을까요?

1. 출간 전, 작가를 가장 먼저 만날 수 있는 방법!
→ 출간 전 라이브 강연

2. 책의 핵심을 한 시간 안에 담았다고?
→ 출간 기념 라이브

3. 그 외 다양한 인사이트
- 서울대 교수님들의 입시 Q&A
- 저자 인터뷰와 낭독 영상까지

도서는 물론, 유튜브 강연, 그리고 다양한 이벤트까지 — 내 삶에 교양과 품격을 더해줄 지식 아카이브! [서가명강]을 다양한 플랫폼에서 만나보세요!

유튜브

시리즈 소개서

리학자 이휘소 박사님의 아이디어에서 시작된 입자이기도 하다. 이 입자의 존재를 이해하기 위해서는 입자물리의 표준 모형을 넘어선 새로운 이론이 필요한데, 그러한 이론들에서 자연스럽게 도입되는 입자다. 대표적으로 초대칭 이론에서 예측되는 초대칭 입자가 유력한 후보로 알려져 있다.

또 다른 후보로는 엑시온Axion이 있다. 입자물리의 표준 모형에서 나오는 강한 상호작용의 CP 대칭성 문제(C는 전하를 의미하는 charge를, P는 거울대칭을 의미하는 parity를 나타낸다. 여기서 C는 입자와 반입자의 변환에 대한 물리법칙의 대칭성을, P는 공간축의 부호를 바꾸는 변환에 대한 물리법칙의 대칭성을 의미한다)를 해결하기 위해 도입된 가상의 입자다. 이 입자의 도입으로 인한 문제 해결이 너무 멋진 나머지, 2004년 노벨물리학상 수상자인 프랭크 윌첵Frank Wilczek은 이 입자의 이름을 엑시온이라는 주방 세제의 브랜드에서 따서 붙였다(때를 깨끗하게 제거한 것처럼 문제를 속 시원히 해결해서 그런 것 같다). 그 후 1979년 당시 펜실베이니아나대학교 연구원이었던 김진의는 엑시온의 질량이 매우 작다는 주장을 통해, 잘 보이지 않는 암흑물질의 후보로서 좋은 토대를 세웠다.

하지만 이 입자 역시 아직까지 관측으로 검증되지 않았다. 이처럼 암흑물질 후보로 여럿이 거론되고는 있지만, 아직까지 이렇다 할 후보가 확정된 상태는 아니다.

그러다가 지난 2022년 '예미랩'이라는 과학계 소식이 화제가 된 일이 있었다. 과학기술정보통신부와 기초과학연구원이 힘을 합해 강원도 정선군에 땅굴을 파고 들어가 폐광에 예미랩 연구실을 차린 것이다. 예미랩의 임무 중 하나는 암흑물질 구성 유력 후보인 '윔프' 입자의 존재를 밝히는 것이며, 연구실이 지하로 들어간 이유는 우주에서 끊임없이 날아드는 우주선cosmic ray의 방해를 받지 않기 위해서다.

그리하여 땅속에 암흑물질을 검출할 수 있는 검출기를 들여다놓았다. 암흑물질 검출 방법 중 첫 번째 방법을 이용한 것이다. 무엇인가 원자핵을 때리면 원자핵의 반응을 알아챌 수 있는 검출기를 두고 암흑물질의 존재를 밝히는 방식이다. 아직 검출되지는 않았지만, 향후 검출되면 당연히 노벨상을 탈 만큼 중요한 발견이 될 것이다.

공룡의 멸망도 암흑물질 탓?

암흑물질은 우리의 일상생활을 비롯해 지구상 생물에게도 직접적인 영향을 미친다. 태양계를 하나의 직선 위에 나타내보면, 왼쪽에 지구, 화성 등의 순으로 행성들이 있고, 행성 너머로 카이퍼 벨트, 오르트 구름Oort cloud이라는 것이 존재한다. 카이퍼 벨트는 해왕성 바깥쪽에서 태양계 주위를 도는 작은 천체들, 행성이 되지 못한 천체들의 집합체이다.

우리가 주목할 것은 카이퍼 벨트 너머의 오르트 구름이다. 오르트 구름은 먼지와 얼음이 태양계 가장 바깥쪽에서 둥근 띠 모양으로 결집되어 있는 거대한 집합소를 뜻한다. 구름처럼 조그마한 천체들이 태양계를 공처럼 싸고 있다. 오르트 구름은 혜성이 나오는 근원지이기도 하다. 가수 윤하의 노래 중에 '오르트 구름'이라는 곡이 있는데, 바로 태양계에 있는 오르트 구름에서 영감을 받아 만든 노래라고 한다. 그렇다면 이 오르트 구름은 암흑물질과 어떤 관계가 있을까?

『암흑물질과 공룡』이라는 책의 저자인 하버드대학교 물리학과의 리사 랜들Lisa Randall은 공룡 멸망의 원인을 암흑물질로 보았다. 이 책은 제목 때문에 소설로 오해받는 경우가 많은데, 정작 내용을 읽어보면 암흑물질을 둘러싼 흥미진진한 과학 논픽션이다.

약 6600만 년 전, 지구에서 공룡은 왜 사라졌을까? 혜성이 지구와 충돌하면서 지구가 생명이 살 수 없는 환경이 되어 멸망했다고 추정되는데, 이 책에서는 '그 혜성을 누가 던졌을까?'를 질문하고 그 주인공을 암흑물질로 설정한다.

랜들은 어떻게 이런 주장을 펼치게 되었을까? 앞서 우리은하의 회전속도에 대해 설명하면서, 태양은 우리은하를 초속 220킬로미터로 돌고 있다고 설명했다. 그런데 태양은 은하 원반을 따라 완벽하게 납작한 평면에서 도는 게 아니라, 맛있게 구운 파이의 테두리처럼 위아래로 오르내리면서 돈다.

그런데 암흑물질이 한 가지 종류가 아니라 우리가 아는 양성자, 전자 같은 기본입자처럼 여러 종류라면 양성자와 전자가 수소 원자를 만들 듯 다양한 조합의 암흑물질을 만들 수 있다. 그렇게 만들어진 암흑물질 원자는 한 종류일 때와 달리 우리은하 원반을 따라서 아주 납작한 암흑물질 원반을 형성할 수 있게 된다. 이 원반을 태양이 위아래로 왔다 갔다 하면서 돌게 되면, 암흑물질 원반을 한번 지나갈 때마다 그 원반의 중력이 태양계를 한번씩 뒤흔들 것이다. 이렇게 중력적으로 간섭하는 것을 '섭동^{Perturbation}'이라고 하는데, 섭동을 받은 태양계 내의 수많은 천체 중에서 어떤 천체는 큰 영향을 받아서 제 갈 길을 놓치고 딴 데로 갑자기 진로를 틀 수도 있다. 원반을 위아래로 통과하는 게 3000만 년마다 한 번씩 일어나는데, 최근에 진로 변경한 천체가 하필이면 지구와 충돌해서 공룡이 멸망하게 되었다는 것이 리사 랜들의 주장이다.

핵심은 암흑물질 원반을 지구가 통과할 때 중력적 섭동을 통해서 오르트 구름을 흔들었고, 그 흔들린 오르트 구름에서 혜성이 지구로 달려왔다는 것, 이것이 저자가 밝힌 암흑물질과 공룡의 관계다. 저자의 새로운 과학적 관점이 매우 흥미로우니 한번쯤 읽어봐도 좋겠다.

암흑물질 연구는 어떻게 이루어지나

암흑물질 이론의 예: 뜨겁거나 차갑거나

암흑물질이 있다는 사실은 이제 우리 모두 어느 정도 이해했을 것이다. 그럼 현재 과학자들은 암흑물질의 정체를 알기 위해서 어떠한 연구를 하고 있을까?

가장 쉬운 방법은 암흑물질에 관한 이론을 세워서 관측 자료를 예측해보고, 실제 관측을 통해서 이론을 검증하는 방법이다. 이 과정에서는 암흑물질의 정체에 따라 관측에서 쉽게 구별되는 특성을 이용하는데, 그중에 하나가 은하들의 공간 분포를 이용하는 것이다. 암흑물질의 분포를 직접 이용하면 좋겠지만, 관측이 되지 않기 때문에 대신 은하를 이용할 수밖에 없다. 앞서 설명했듯이 은하들은 암흑물

큰 규모로 주욱 늘어서 있었고, 천천히 움직이는 암흑물질의 경우 관측과 비슷하게, 큰 규모의 구조는 잘 안 보이고, 작은 규모의 무리만 볼 수 있다. 이렇게 실제 관측한 은하 분포와 두 개의 이론이 예측한 은하 분포를 비교해보면 어느 쪽이 맞는지 바로 확인할 수 있다. 결과적으로 뜨거운 암흑물질 이론보다는 차가운 암흑물질 이론이 더 맞다는 결론을 내릴 수 있었다.

은하 지도로 추정하는 암흑물질

이렇게 관측한 은하 분포로 어떤 암흑물질 이론이 맞는지 설명할 수 있다. 그래서 은하의 3차원 지도를 만드는 게 중요한데, 현재 천문학자들이 은하들의 위치를 찾아서 열심히 지도를 만들고 있다. 그런데 은하들은 가만히 있지 않고 움직인다.

1980년대 천문학자들이 우리은하 주변 은하들의 움직임을 조사해보니 우주 팽창 때문에 서로 멀어지는 운동 이외에 어느 한쪽으로 끌려가는 듯한 운동도 있다는 것을 알아냈다. 은하들은 중력을 받는 쪽으로 움직이기 때문에, 중력이 작용하려면 질량이 있어야 한다. 그러나 놀랍게도 은질이 있는 곳에서 형성되기 때문에 은하 분포로부터 암흑물질의 분포를 예상해도 괜찮다. 이것은 마치 한밤의 촛불집회 사진에서, 어둠에 가린 사람들을 세는 대신 촛불을 확인해서 사람들의 분포가 어떤지를 예측하는 것과 비슷하다. 암흑물질의 기본적인 특성 중에서 가장 중요한 것 중 하나가 얼마나 빨리 움직이느냐인데(보통 초기 우주에서 질량이 크면 천천히 움직이고, 질량이 작으면 빨리 움직여서, 그 질량에 맞는 암흑물질 후보를 찾는 방식이다), 이 속도에 따라 생겨나는 은하의 분포 양상이 꽤 다르다. 그래서 사람들은 가장 먼저 암흑물질이 빠르게 움직이는 뜨거운 경우와 천천히 움직이는 차가운 경우로 나누어서, 각각의 경우에 은하 분포가 어떻게 되는지 예측해보았다. 결국 암흑물질이 중력을 통해서 뭉쳐야만 은하가 형성되기 때문에 암흑물질이 너무 빨리 움직이면 은하가 잘 안 만들어지고, 또 은하들이 잘 안 모이게 된다. 1980년대에는 이렇게 서로 다른 암흑물질의 특성을 바탕으로 컴퓨터 시뮬레이션을 수행해서 가상의 은하 분포를 만들어보고, 이를 관측한 은하 분포와 비교해 암흑물질의 특성을 연구했다.

빨리 움직이는 뜨거운 암흑물질의 경우에는 은하들이

하들이 끌려가는 쪽에 은하들이 많이 보이지 않았다. 마치 눈에 보이지 않는 질량이 그쪽에 있어서 은하들을 끌어가는 것 같았다. 그래서, 사람들이 거대한 중력이 작용하는 그 지점을 거대 인력체Great Attractor라고 부르기 시작했다. 눈에 보이진 않지만, 그곳에 엄청나게 많은 물질이 뭉쳐져 있어서 주변 은하들을 전부 끌어당기고 있다는 것이다. 그래서 천문학자들은 그 지점에 암흑물질이 큰 무덤처럼 모여 있지 않을까 추정한다. 이와 같이 은하들 분포와 움직임을 통해서 암흑물질이 어디에 있는지 추정하는 지도를 만들 수 있다.

사실상 은하의 3차원 지도 자체는 1970년대부터 만들기 시작했다. 처음에는 우주에 존재하는 은하들이 무척 많으니까, 이것들이 마구잡이로 펼쳐져 있으리라 생각했다. 그런데 그렇지가 않았다. 많이 모여 있는 곳도 있고 은하들이 없는 곳도 있었다. 은하들이 많이 모여 있는 은하단은 일종의 형태를 띠며 연결되어 있었는데, 이것을 확장하면 거미줄 모양이 된다(이것을 우주의 거미줄Cosmic Web이라고 한다). 관측 결과, 은하가 이처럼 이상하게 모여 있다는 사실을 알게 되었고, 이를 우주거대구조Large-scale structures in the universe라고 부른다.

1986년 하버드-스미소니언 천체물리학연구센터 (Harvard-Smithsonian Center for Astrophysics라고 하는데, 간단히 CfA 연구소라고 부른다)에서 공개한 재미있는 모양의 은하 지도가 있다. 천문학 교과서에도 실릴 정도로 유명한 이 지도에는 한가운데 사람 형상으로 은하가 모여 있다(이 사람 형상을 'CfA Stick Man'이라고 하는데, 실제로는 머리털자리은하단에 해당한다). 언뜻 보면 개구리 형상 같기도 한 이 지도가 당시 《뉴욕타임스》 일요일판 표지로 장식되어 많은 사람들이 보고 깜짝 놀랐던 일이 있다. 역시 하나님은 실재한다

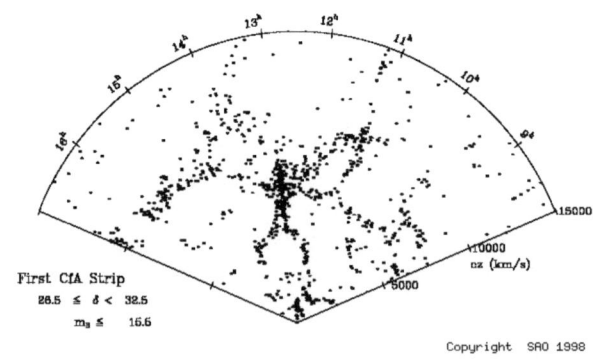

'CfA stick man'이 포함된 은하 지도 (ⓒ 하버드-스미소니언 천체물리학연구센터)

는 증거라고 말하는 사람까지 있었다.

 이후 은하 관측이 이어지면서 이 지도 위로 더 많은 은하가 표시되었는데, 그 과정에서 더 이상한 점이 발견되었다. 지도 가운데 사람 형상의 팔이 끊어지지 않고 계속해서 이어져 있는 게 아닌가. 은하들이 일렬로 늘어서 있는 것처럼, 흡사 벽과 같은 모양으로 관측되었다. 그래서 이후 지도에서 보이는 그 벽을 하늘의 만리장성 같다고 해서 'CfA Great Wall'이라고 부른다.

컴퓨터로 구성해본 우주 진화

이렇듯 계속해서 은하들 분포를 관찰하다 보니 은하들이 이루는 다양한 구조에 대해서 더 많이 알게 되었다. 슬론 디지털 하늘 탐사에서 찾아낸 은하들의 벽 같은 경우는, 그 늘어선 길이가 빛조차 14억 년 넘게 움직여야 하는 엄청난 길이였다. 은하들은 왜 이렇게 기다란 벽을 이루면서 모이게 되었을까? 은하 지도를 만드는 이유에는 이 질문에 대한 답을 찾고자 하는 목적도 있다. 은하들이 거미줄처럼 길게 퍼져 있는 이유를 밝히는 것이 내 연구의 주제이기도 하다.

이 거미줄 같은 은하의 구조를 컴퓨터로 구성해볼 수 있지 않을까 생각해서, 이번에도 천문학자들이 컴퓨터로 가상의 우주를 만들어보았다. 가스와 암흑물질 같은 우주의 다양한 구성 성분을 넣고, 이것들이 우주 팽창과 중력을 포함해 우리가 알고 있는 모든 물리법칙에 따라 약 138억 년의 우주 나이 동안 알아서 성장하도록 내버려두었다. 그러자 가상의 우주는 신기하게도 스스로 진화하기 시작했다.

가장 초기의 우주에서는 물질이 많은 지역과 적은 지역이 사방에서 나타나다가 시간이 지나면서 중력 때문에 물질이 많은 지역의 밀도 높은 덩어리가 점점 많은 물질을 끌어당기면서 거대구조가 나타나기 시작했다. 우주에도 분명 빈익빈 부익부가 있다. 물질이 많은 데는 중력 때문에 계속 물질이 많이 뭉치고, 물질이 없는 데는 중력이 없으므로 계속 물질을 빼앗겼다. 놀랍게도 우주의 나이만큼 시간이 경과한 후 물질의 분포가 거미줄과 비슷해졌다.

이렇게 시뮬레이션을 통해 만든 우주 역시 거미줄 같은 구조를 보여준다는 것은, 이 시뮬레이션에 썼던 물리법칙들이 우주를 꽤 잘 설명하고 있다는 뜻이다.

그렇다면 슈퍼컴퓨터로 예측한 은하 지도는 실제 관측

한 은하 지도와 얼마나 일치할까? 비교한 결과 놀랍게도 거의 유사했다. 여기서 비슷하다는 말은 우리가 사는 우주의 같은 위치에 같은 은하들을 만드는 것처럼 완벽하게 재현하는 게 아니라 은하들의 분포 양상이 통계적으로 비슷했다는 말이다. 특히 컴퓨터가 시뮬레이션으로 만든 지도에도 앞서 설명한 'CfA Great Wall'과 비슷하게 연결된 은하의 모습이 그려졌다. 이는 우리 인류가 은하의 정체와 우주의 구조 형성에 대해 꽤 잘 이해하고 있다는 뜻이기도 하다.

그런데 컴퓨터 시뮬레이션을 할 때 암흑물질을 많이 넣느냐 적게 넣느냐에 따라 생성되는 모습이 달라진다. 따라서 적정한 암흑물질의 양을 찾아야 한다. 또한 이 시뮬레이션에는 암흑물질만 필요한 게 아니라 '암흑에너지'도 필요하다. 이어지는 3부에서 암흑에너지의 정체도 함께 알아보도록 하자.

Q 묻고

A 답하기

암흑물질을 지구에서도 똑같이 구현하는 것은 불가능할까? 관련 연구가 진행된 적은 없는지 궁금하다.

암흑물질을 지구에서 구현한다는 것, 예를 들어 실험실에서 만들어낸다는 것은 결국엔 암흑물질의 정체가 뭔지를 안다는 것과 같은 말이다. 아쉽게도 아직까지 물리학자와 천문학자들이 암흑물질의 정체를 제대로 알고 있지 못해서 실험실에서 만들어내는 것은 불가능하다. 암흑물질의 정체를 알기 위해서 일단 암흑물질의 특성을 파악하는 게 중요한데, 이것은 마치 내가 누군지를 알기 위해서 나의 키, 몸무게, 성격, 취미 등을 파악하는 것과 비슷하다. 이때 암흑물질의 특성은 질량이나 산란 단면적(어떤 입자가 다른 입자에 충돌해 방향을 바꾸는 것을 산란이라고 하는데, 그 산란이 일어나는 확률을 면적으로 정의한 것) 등이 있는데, 과학자들이 이 두 물리량을 정확히 측정하는 데 최선을 다하고 있다. 이 특성이 정확히 파악되면, 그 특성에 맞는 새로운 입자를 찾을 수 있을 것으로 기대하고 있다.

태양계를 흔드는 '중력 섭동' 현상은 불규칙적으로 일어나는 것인지, 아니면 특정 주기가 있는 것인지 궁금하다. 특정 주기가 있다면 공룡 시대에 그랬던 것처럼 지구로 한번 더 운석이 날아올 수도 있지 않을까?

태양계를 중력적으로 흔드는 섭동은 결국은 그 원

인이 무엇인지에 따라서 불규칙적으로 일어날 수도 규칙적으로 일어날 수도 있다. 앞서 암흑물질과 공룡에서 언급했던 암흑물질의 납작한 원반이 섭동의 원인이라면 지구가 이 원반을 3000만 년을 주기로 오르락내리락하기 때문에 그 주기로 영향을 받는다.

문제는 이 섭동에 의해서 오르트 구름을 뛰쳐나간 혜성이 하필 태양 쪽으로 다가오고, 또 하필 지구 궤도와 만나게 될 것인가 하는 것이다. 현재까지의 계산에 따르면 공룡을 멸종시킬 정도의 크기인 10킬로미터 정도 되는 혜성이 지구와 충돌할 확률은 약 1억 년에 한 번 꼴이라고 한다. 공룡이 멸종한 시기를 약 6500만 년 전이라고 하면 약 3500만 년 후에 또 벌어질 법한 일이다.

그나마 다행인 점은 2016년 미항공우주국에서 지구방위합동본부Planetary Defense Coordination Office를 구성해서 지구로 다가오는 잠재적 위험 천체들을 조기에 발견해 이런 천체의 궤도를 조정할 계획을 가지고 있다는 것이다. 실제로 2022년 미항공우주국은 이중 소행성 궤도 변경 시험DART, Double Asteroid Redirection Test이라는 실험을 통해서 지구 근처 소행성에 대한 궤도 변경 가능성을 성공적으로 검증했다.

3부

암흑에너지,

우주의 거대한

불가사의를
밝히다

최근, 우주를 가속 팽창시키는 암흑에너지의 정체가 우주상수가 아니라 '제5원소'일 가능성이 제기되고 있다. 암흑에너지가 아인슈타인의 우주상수가 아니라, 시간에 따라 그 밀도가 달라지는 '제5원소'일 가능성이다. 아직 미지의 우주 구성 성분인 '제5원소'는 과연 무엇인가.

빅뱅, 그리고
팽창하는 우주의 서사

우주의 70퍼센트를 차지하는 '암흑에너지'

앞서 빙산의 비유를 이용해 우주를 구성하는 물질 또는 에너지를 100퍼센트라고 했을 때 실제 우리 눈으로 볼 수 있는 성분은 겨우 5퍼센트밖에 되지 않고, 나머지 95퍼센트는 우리가 볼 수 없는 무언가라고 설명했다. 볼 수 없는 부분은 크게 암흑물질과 암흑에너지로 구성되며 암흑물질은 전체의 25퍼센트 정도, 암흑에너지는 전체의 70퍼센트 정도를 차지한다는 설명도 덧붙인 바 있다.

이 중에서 25퍼센트를 차지하는 암흑물질에 대해서 살펴봤으니, 3부에서는 나머지 70퍼센트를 차지하는 암흑에너지가 무엇인지 알아보자.

우선 암흑물질과 암흑에너지의 차이는 무엇일까? 암흑물질은 보이지 않을 뿐이지 질량이 있는 물질로 중력이 작용한다. 즉, 우리는 정체는 알 수 없지만 무언가 끌어당기는 힘을 통해 암흑물질의 존재를 느낀다. 그러나 암흑에너지는 이 암흑물질처럼 잡아당기는 게 아니라 희한하게도 밀어내는 척력repulsive force 역할을 한다. 이 척력이 바로 우주를 가속 팽창시키는 주인공으로, 우주를 밀어내는 미지의 에너지라는 뜻에서 암흑에너지라고 부른다는 것도 2부에서 간단하게 언급했다.

본격적으로 암흑에너지에 관해 이야기하기에 앞서, 암흑에너지 이야기에서 빼놓을 수 없는 인물이 있다. 바로 허블우주망원경으로 이미 우리가 알고 있는 에드윈 허블이다. 천문학 전반에 걸쳐 뛰어난 업적을 남긴 이 천문학자는 시카고대학교에서 과학 공부를 시작했으나, 법을 공부하라는 아버지의 뜻에 따라 영국 옥스퍼드대학교에서 법학도 공부했다. 그러다 아버지가 돌아가시자마자 원래 꿈이었던 천문학자의 길을 걷게 된다. 그리고 오늘날 누구나 아는 성공한 천문학자가 되었다.

이 위대한 천문학자가 암흑에너지와는 어떤 관련이 있

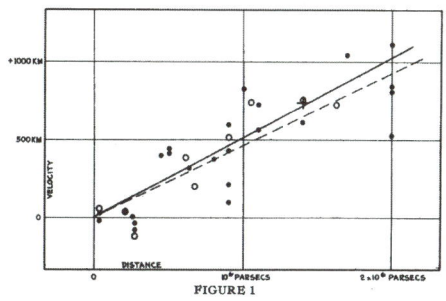

허블이 1929년 신문에 실은 그래프

을까? 1929년 허블은 조수인 밀턴 휴메이슨Milton Humason과 함께 아주 중요한 발견을 한다.

두 사람의 관측 결과를 하나의 그래프로 나타낼 수 있다. 먼저 가로축에 관측자, 즉 허블과 휴메이슨이 있는 태양계로부터 은하까지의 거리를 표시한다. 다음으로 세로축에는 은하들이 태양계로부터 멀어지는 속도를 나타낸다. 두 가지 값을 측정해 그래프에 하나씩 표시하면, 오른쪽으로 상승하는 직선 그래프를 얻을 수 있다.

중학생 때 배운 일차함수와 유사한 이 그래프는 가로축의 값이 커질수록 세로축 값도 커지는 경향성을 보여준다. 즉, 멀리 있는 은하일수록 더 빠른 속도로 멀어져간다는 사실을 알 수 있다. 이걸 찬찬히 생각해보면 우주가 팽창할 때 바로 이런 일이 벌어진다는 것을 알 수 있다. 즉, 이 그래프가 우주가 팽창한다는 것을 알려주는 중요한 그림인 것이다. 이렇게 흥미진진한 결과를 발견한 허블은 당장 출판하고 싶은 마음에 이 그래프를 논문에 싣지 않고 신문에 먼저 게재한다. 그 과정에서 작은 실수를 하나 하게 되는데, 그게 무엇인지 짐작이 되는가? 바로 세로축인 은하들이 멀어져가는 속도의 단위를 '킬로미터km'로 표기한 것이다. 속도의 단위는 'km/s'로 표기하는 것이 옳다.

물론 이것은 재미있는 해프닝에 지나지 않고 중요한 것은 허블의 그래프를 통해 알게 된 법칙이다. 간단하게 설명해보자. 일차함수 꼴을 한 이 그래프는 '$y=ax$'의 형태로 적을 수 있다. 그래프에서 y 값은 '은하가 멀어지는 속도(v)', x 값은 '은하와의 거리(d)'이므로, '$v=ad$'로 바꾸어 쓴다. 그렇다면 그래프의 기울기 값이기도 한 'a'는 어떻게 나타내면 좋을까?

천문학에 관심 많은 독자라면 이미 눈치챘을지도 모르지만, 이 'a'가 바로 '허블 상수 Hubble constant'라고 부르는 값이다. 알파벳 대문자 H를 이용해 표기하고, 단위 거리당 우주가 얼마나 빨리 팽창하는지, 그 팽창률을 의미한다. 결국 허블 그래프의 식은 'v=Hd'로 적을 수 있는데, 이 식을 허블의 법칙이라고 한다. 이 관계식은 바로 뒤에서 이야기할 조르주 르메트르Georges Lemaître라는 벨기에 신부가 2년 앞선 1927년에 발견했는데, 많은 사람들이 그 존재를 알지 못했다. 르메트르의 발견을 존중해서 2018년 국제천문연맹에서 허블의 법칙을 허블-르메트르 법칙으로 이름을 변경했다.

허블의 그래프는 그 자체로 우주 팽창의 증거가 되기 때문에 아주 중요하다. 우리가 오븐에서 굽히고 있는 빵에 사는 건포도라고 가정해보자. 우리는 옆에 있는 건포도가 얼마나 떨어져 있는지 그 거리를 잴 수 있다. 빵은 굽힐수록 점점 부풀어 오르고, 동시에 옆의 다른 건포도 점점 우리로부터 멀어질 것이다. 이때 다른 건포도와 멀어지는 거리와 멀어져가는 속도를 재서 그래프로 그리면 허블과 휴메이슨이 은하를 관측하며 그렸던 그래프와 똑같은 모양이 된다.

한마디로 허블의 관측 결과를 만족시키기 위해서는, 구워지는 빵이 점점 부풀어 오르듯 우주가 팽창해야 한다는 뜻이다. 사실 우리가 사는 세상의 규모에서는 중력이 우세하기 때문에 우주의 팽창을 체감하기란 불가능한 일이다.

우주가 멀어진다고 해서 우리 집과 옆집이 멀어지는 일은 생기지 않고, 태양과 지구가 멀어지는 일도 생기지 않기 때문이다. 우리의 감각으로 느끼지 못하는 발견을 했다는 점에서도 허블의 발견은 대단하다고 볼 수 있다.

우주가 빵! 하고 나타났다고?

잠깐 우리의 우주여행을 정리하고 넘어가자. 우주여행을 통해 알게 된 첫 번째로 중요한 사실이 '우리은하 밖에도 다른 은하가 존재한다'라는 것이었다면, 두 번째로 중요한 사실은 '우주가 가만히 있지 않고 팽창한다'라는 것이다. 그리고 이 사실은 천문학자 에드윈 허블에 의해 발견되었다.

그런데 정확히 말하면 허블이 우주 팽창을 제일 먼저 발견한 것은 아니다. 최초의 발견자는 조르주 르메트르다. 르메트르가 '팽창 우주론'을 제안한 것은 1927년의 일이다. 그는 국적이 벨기에라 논문을 불어로 썼는데, 그러다 보니 많은 사람들이 그 논문의 존재를 모르고 있었다. 이후 1929년에 허블이 우주 팽창 논문을 발표하고 사람들로부터 인정받자, 그제야 르메트르도 부랴부랴 불어 논문을 영어로 번역해서 발표했다. 하지만 때는 이미 늦었다. 모든 사람이 우주 팽창의 발견자를 허블로 기억한 것이다.

그럼에도 르메트르는 여기서 한 단계 생각을 더 발전시켰다. 그가 던진 질문은 바로 이것이다. '현재 우주가 팽창하고 있어서 은하와 은하가 서로 멀어지고 있다면, 혹시 시계를 거꾸로 돌리면 무슨 일이 벌어질까?'

시간을 거꾸로 돌리면 서로 점점 멀어지던 것이 어떻게 될지 생각해보자. 당연히 다시 제자리로 모일 것이다. 그래서 르메트르는 우주에는 시작이 있고 그때부터 점점 팽창한다는 가설을 떠올린다. 르메트르가 이 가설을 처음 밝히자, 이에 비판적이었던 영국의 천문학자 프레드 호일Fred Hoyle 경이 1949년 BBC 라디오 쇼에서 '우주의 본질'이라는 주제로 강의를 하면서 공개적으로 르메트르의 견해를 반박했다. 호일 경은 '(르메트르의 말대로라면) 우주가 빵! 하고 나타났다는 뜻이네?'라며 르메트르를 조롱한다. 바로 이 '빵!bang!'에서 '빅뱅Big Bang'이라는 용어가 등장했다. 호일 경 덕분에 빅뱅이라는 이름을 생겨났지만, 당시 영국에서 가장 영향력 있는 천문학자였던 호일 경은 빅뱅 이론에 상당히 냉소적이었다. 그는 우주의 상태가 시간에 따라 변하지 않는다는 정상우주론steady-state cosmology을 주장했다.

르메트르가 신부라는 점을 생각해보면 이런 의문이 들 수도 있다. 「창세기」 1장 1절부터 3절에 따르면 하나님께서 하늘과 땅을 창조하시고, '빛이 있어라' 하셔서 빛이 생겼다고 묘사된다. 그렇다면 신부였던 르메트르가 종교적 신념으로 빅뱅 이론을 주장했을까? 그렇지는 않다. 그는 1920년에는 벨기에 뢰번가톨릭대학교에서 수학 박사를, 1927년에는 MIT에서 물리학 박사를 받은 사람으로 과학적이고 논리적인 사고를 통해 우주 대폭발의 논리를 설파했다. 아무튼 아이러니하게도 빅뱅을 비꼬는 말로 사용한 '빅뱅'이란 용어는 이후 천문학의 중요한 개념이 된다.

그런데 문제는 우주의 시작인 빅뱅을 본 사람이 아무도 없다는 것이다. 모두가 빅뱅의 증거를 궁금해하던 차에 미국의 통신회사인 벨 연구소의 연구원으로 있던 두 사람이 놀라운 발견을 하게 된다. 그 주인공인 아노 펜지어스 Arno Penzias와 로버트 윌슨 Robert Wilson은 무선통신을 할 때 잡음을 어디까지 없앨 수 있는지를 주제로 연구하고 있었다. 두 사람은 전파망원경으로 전파 신호를 수신하면서 들려오는 잡음을 없애기 위해 고군분투 중이었다.

펜지어스와 윌슨이 연구를 진행하는 한편, 같은 뉴저지

에 있는 프린스턴대학교의 로버트 디키Robert Dicke는 빅뱅 이론을 검증하기 위한 관측을 준비하고 있었다. 디키의 생각은 이랬다. 우주가 빅뱅에서 시작했다고 가정하자. 이때 생겨난 우주는 초기에 밀도가 높고 몹시 뜨거웠을 테고 팽창하면서 차츰 식었을 것이다. 그렇다면 아주 처음에 우주가 뜨거웠을 때, 그 열이 식으면서 이 우주에 퍼져 있을 텐데 혹시 그 흔적을 검출할 수는 없을까? 그게 바로 빅뱅의 증거가 아닐까? 이것은 고등학교 물리 시간에 배우는 흑체복사black body radiation라는 것과 비슷한 개념으로 뜨거운 물체에서 그 온도에 맞는 다양한 파장의 빛, 즉 무지개와 같은 연속 스펙트럼을 보는 것과 관련이 있다. 이 흑체복사에서 가장 많은 에너지를 내는 파장은 그 흑체의 온도에 반비례하는데, 우주가 팽창하면서 식어간다면 그 흑체복사를 잘 검출할 수 있는 파장 또한 점점 길어지게 된다. 군인들이 적외선 카메라로 어두운 밤에도 사람의 존재를 알아낼 수 있는 이유가 바로, 사람의 체온에 맞게 나온 흑체복사가 적외선에서 가장 많은 에너지를 내기 때문이다. 따라서 적외선 카메라로 사람이 있는지 없는지를 쉽게 판별할 수 있다.

    그리하여 디키는 제자였던 한 대학원생에게 우주가 처

음 빅뱅에서 시작해서 식었다면 현재 온도가 몇 도가 되었을지 계산해보라고 지시했고(이 사람은 나중에 다시 등장한다), 또 다른 대학원생에게는 그 온도에 맞는 복사가 가장 많이 나올 파장대가 전파이니 전파망원경으로 그 식은 열을 한번 찾아보자고 했다.

그러던 어느 날, 디키는 벨 연구소의 펜지어스와 윌슨으로부터 전화를 받는다. 그들은 디키에게 자기네 전파망원경에서 없애지 못하는 잡음 신호를 찾았다고 말하며, 그 잡음이 디키가 찾는 게 맞는지 물었다.

전화를 받은 디키는 고개를 끄덕이며 그 신호가 자신이 찾던 빅뱅의 식은 열이 맞다고 대답했다. 전화를 끊은 후 디키는 당시 함께 있던 대학원생들에게 벨 연구소의 연구원들이 식은 열을 먼저 찾았다며, '우리는 추월당했다We have been scooped'라고 한탄했다는 웃지 못할 후일담도 함께 전해진다.

그래서 일단 두 팀이 사이좋게 함께 논문을 쓰기로 했다. 디키의 연구팀은 펜지어스와 윌슨이 발견한 우주에서 오는 잡음이 빅뱅의 흔적임을 설명하는 논문을 작성하고, 바로 이어서 펜지어스와 윌슨은 그 잡음을 검출했다는 논문을 작성했다. 펜지어스와 윌슨의 논문은 겨우 두 쪽짜리 논문이었는데, 1978년 노벨물리학상은 그들에게 돌아갔다(놀랍게도 그 잡음이 무엇인지 알았던 디키는 노벨물리학상을 받지 못했다).

이후 사람들은 그 잡음을 이용해서 우주의 온도를 정확히 측정하기 시작했다. 빅뱅 이후 우주는 팽창과 동시에 점점 식어가고 있었는데, 그 결과 현재 온도는 섭씨 영하 270도임을 밝혀냈다. 우리가 우주선 없이 우주 공간에 나가면 공기가 없으니 숨을 못 쉬어서 죽겠지만, 사실상 너무 추워서도 죽을 수밖에 없다. 초기 우주는 큰 폭발을 일으킬 만큼 굉장히 뜨거웠지만, 현재는 이렇게나 차갑다.

특명! 우주의 온도를 측정하라

그럼 우주의 온도는 어떻게 측정할 수 있을까? 앞서 언급한 흑체복사를 다시 떠올려보자. 모든 물체는 그 온도에 맞는 다양한 파장의 빛을 낸다. 지난 코로나 시기에 우리 몸의 열 상태를 판별한 게 적외선 카메라인데, 이 카메라 역시 흑체복사의 원리를 활용한 것이다. 사람들이 뿜어내는 빛을 감지해 적정 온도 36.5도에 맞는 값인지, 더 높은 온도의 값인지를 판단한 것이다.

따라서 우주 온도를 제대로 알기 위해서는 파장별로 에너지양을 잘 측정해서, 어떤 파장에서 에너지가 많이 나오는지를 아는 게 필요하다. 이 작업을 제대로 수행한 인공위성 망원경이 바로 코비COBE, Cosmic Background Explorer라는 망원경이고, 이렇게 측정한 결과 우주는 섭씨 영하 270도라는 사실을 알게 되었다. 보통 물리학에서는 절대온도(단위는 K라고 쓰고 켈빈이라고 읽는다)라는 용어를 쓰기도 하는데, 절대온도 0도는 대략 섭씨 영하 273도에 해당한다. 따라서 현재 우주의 온도는 절대온도로는 약 3K에 해당한다.

그런데 우주 온도는 이쪽 하늘에서도 잴 수 있고 저쪽 하늘에서도 잴 수 있다. 실제로 여러 방향에서 온도를 잰 후 하나의 지도로 만든 결과, 측정한 위치에 따라서 우주의 온도가 다르다는 사실이 밝혀졌다. 우주의 온도가 섭씨 영하 270도라는 것은 결국 평균값이고, 이 온도보다 더 높은 곳도, 더 낮은 곳도 존재했다.

그렇다면 높은 곳과 낮은 곳 사이의 온도는 얼마나 차이가 날까? 이렇게 말하면 사막과 남극을 떠올리기 십상이지만, 실제로는 0.00001도 정도 차이가 난다. 이 차이는 언뜻

보기에 아주 작은 차이고, 이 정도면 무시해도 되지 않나 생각할 수 있지만, 그렇지 않다. 이 온도 차이가 있어야만 조금이라도 온도가 뜨거운 곳에서 물질이 더 많이 뭉치고, 그곳에서 별과 은하가 태어날 수 있다. 만약 온도가 조금 더 높았거나 조금 더 낮았다고 한다면 우리 인류는 우주에서 일찍 생겨나서 이미 없어졌을 수도 있고, 아직 안 생겨났을 수도 있다. 즉, 우리 인류는 현재 존재할 수 없었다. 결국, 우주가 138억 년이 지나서 현재 이 자리에 존재하기 위해서는 측정 위치에 따른 우주의 온도 차이가 0.00001도가 되어야 하며, 실제로 그렇게 측정되었다.

그래서 우주의 온도가 몇 도인지 측정하고, 우주 온도가 위치마다 조금씩 다르다는 걸 밝혀낸 두 사람이 2006년 노벨물리학상을 받았다. 바로 미국의 천체물리학자 존 매더 John Mather와 조지 스무트 George Smoot III다.

이렇게 측정한 우주 온도를 하나로 모아 만든 지도를 우주배경복사 지도라고 한다. 기술의 발달로 더 세밀하게 우주 곳곳의 온도를 측정할 수 있게 되었으며, 그 결과 지금은 상당히 정교한 지도가 만들어졌다. 2013년 《뉴욕타임스》 1면을 장식했던 플랑크우주망원경으로 얻은 우주배경

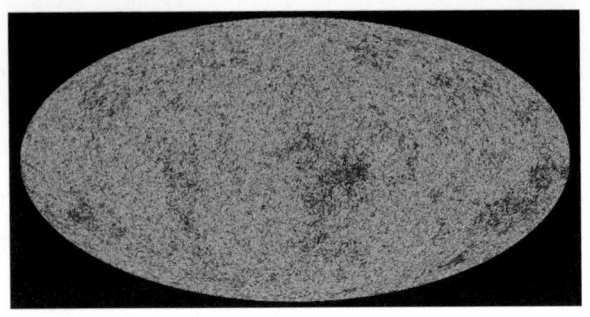

플랑크우주망원경이 찍은 우주배경복사 지도 (© **ESA**, 유럽우주국)

복사가 가장 최신의 지도다. 언젠가는 이렇게 멋진 과학 사진이 우리나라 신문 1면을 장식하는 날이 오길 바란다.

우주배경복사가 어떻게 빅뱅의 증거가 될 수 있었는지 더 자세한 이야기가 궁금하다면, 서울대학교 이강환 박사가 쓴 『빅뱅의 메아리』와 이탈리아의 저명한 천체물리 석학 아메데오 발비가 글을 쓴 그래픽노블 『코스믹코믹: 빅뱅을 발견한 사람들』이라는 책을 읽어보길 권한다.

암흑에너지의 정체를 밝히기 위한 여러 시도

아인슈타인이 풀어낸 우주를 기술하는 방정식

우주배경복사를 통해서 우리는 우주가 빅뱅이라는 대폭발에서부터 출발했으며 계속해서 팽창하고 있다는 사실을 알게 되었다. 그렇다면 이번에는 우주의 모습을 기술하는 하나의 수식을 살펴보자.

$$R_{\mu\nu} - \frac{1}{2}Rg_{\mu\nu} = 8\pi G T_{\mu\nu}$$

복잡하게 생긴 이 수식은 1915년 발표된 아인슈타인의 장^{field}방정식으로, 아인슈타인의 일반상대성이론을 보여주는 식이다. 일반상대성이론은 2부에서 암흑물질의 증거를 설명할 때 잠시 다루었는데, 기억을 되살려보자. 간략하게 이야기해서 일반상대성이론이란 '천체의 질량이 시공간을 휘게 한다'라는 이론이다. 식이 복잡하게 생겼지만, 일반상대성이론의 개념만 알면 쉽게 이해할 수 있다. 먼저 등호의 왼쪽은 우리의 시공간이 얼마나 휘어져 있는지를 나타낸 것이고, 등호의 오른쪽은 시공간에 물질이 어떻게 분포되어 있는지를 나타낸 것이다.

이게 어떤 의미일까? 우리는 기본적으로 중력을 이해할 때 전통적으로 뉴턴의 만유인력의 법칙을 이용한다. 만유인력의 법칙이란 질량이 있는 물체는 서로를 끌어당긴다는 법칙으로, 질량에 의해 중력이 작용한다는 뜻으로 해석된다. 태양과 지구를 예로 들면, 지구가 태양을 도는 이유는 지구와 태양의 질량 때문이다.

반면에 아인슈타인은 이 현상을 전혀 다른 관점으로 해석한다. 태양이 자체의 질량으로 시공간을 휘게 만들었고, 지구는 단지 휘어진 시공간을 지나고 있을 뿐이라는 것이 아인슈타인의 주장이다. 우리 앞에 커다란 고무판이 있다고 가정해보자. 한가운데 무거운 쇠구슬을 놓으면 고무판 자체가 휘어질 것이다. 이렇게 휘어진 고무판 위에서 구슬

치기를 하면 어떻게 될까? 아무리 구슬을 직선으로 굴리려고 해도 고무판 자체가 휘어졌기 때문에 고무판을 따라 곡선으로 움직이게 된다.

아인슈타인이 일반상대성이론에서 설명하는 태양계 역시 이 고무판과 같다. 태양이라는 쇠구슬이 이미 시공간의 고무판을 휘어놓았기 때문에, 그 휘어진 시공간을 따라 지구가 태양 주위를 뱅글뱅글 도는 것이다.

바로 아인슈타인의 장방정식이 휘어진 시공간과 물질 분포의 연결을 보여주는 식이다.

다음으로 아인슈타인의 장방정식을 우주에 적용한 식을 하나 더 살펴보자.

$$H^2 \equiv \left(\frac{\dot{a}}{a}\right)^2 = \frac{8\pi G}{3}\rho - \frac{k}{a^2 R_0^2}$$

$$\frac{\ddot{a}}{a} = -\frac{4\pi G}{3}(\rho + 3p)$$

잠시 고등학교 수학 시간에 배운 내용을 떠올려보자. 이 식의 두 번째 줄을 보자. a는 우주의 반경에 해당하고, $\ddot{a}$는 우주 반경을 시간에 대해 두 번 미분한, 즉 가속도를 의미한다고 해보자. 이 가속도 값을 통해 우주가 어떤 방식으로 팽창하는지 알 수 있다. 이 가속도 $\ddot{a}$가 0보다 클 경우에는 우주의 팽창 속도가 점점 더 빨라지고 있다는 것을 의미한다(물론 $\dot{a}$도 양수여야 팽창을 의미한다). 반대로 $\ddot{a}$가 0보다 작으면 우주는 감속 팽창, 즉 팽창 속도가 점점 줄어들고 있다는 뜻이 된다. $\ddot{a}$의 값이 0인 경우도 당연히 존재하는데, 이때는 정적인 static 우주로써 우주가 일정한 속도로 팽창하지 않고 가만히 있는 경우가 된다.

이제 식의 오른쪽을 보자. 먼저 주목해야 할 부분은 괄호 안의 식이다. 비슷한 문자처럼 생겼지만, 한쪽은 '로'라고 읽는 그리스 문자 ρ이고, 앞에 3이 붙은 문자는 알파벳 p이다. 여기서 ρ는 우주에 존재하는 물질의 양, 밀도를 의미한다. 물질의 양은 질량이 존재하므로 0보다 작을 수 없다. p는 압력을 나타내는데, 압력 역시 항상 양수다. 즉, (ρ+3p)는 항상 0보다 큰 값이 된다. 괄호 앞에 붙은 3/4πG는 상수이므로 이 또한 항상 양수다. 그런데 이 식 앞에는 마이너스가 붙어 있으므로 오른쪽 수식 값은 언제나 음수라는 뜻이다.

요컨대 아인슈타인이 자신의 방정식을 우주에 적용해

보니 a를 두 번 미분한 값은 무조건 음수가 되어야 한다는 것이다(엄밀히 말하면 이렇게 수식을 전개한 것은 알렉산드르 프리드먼$^{Alexander\ Friedmann}$)으로, 이처럼 시간에 따른 우주의 변화를 기술하는 식을 프리드만 방정식이라고 한다. 다르게 이야기하면, 앞에서 언급한 것처럼 우주가 가만히 있지 않고, 시간에 따라 계속 변하는 상태(이 경우는 우주의 팽창 속도가 점점 줄어들고 있는)라는 것이다. 이때는 아직 허블의 우주 팽창이 발견되기 전이었기 때문에, 아인슈타인은 시간에 따라 변하는 우주가 마음에 들지 않았다.

아인슈타인, 인생 최대 실수를 인정하다

아인슈타인은 우주를 이상하게 기술하는 자신의 방정식이 마음에 들지 않았다. 우주가 자꾸만 움직이는 것은 그의 상식으로 도저히 이해할 수 없는 일이었다. 그래서 아인슈타인은 우주가 더는 움직이지 않는, 가만히 있는 상태로 만들기로 한다. 우주 팽창 가속도 $\ddot{a}$를 0으로 만드는 수식을 고안하기로 한 것이다.

먼저 아인슈타인이 새롭게 고안한 변형 식을 살펴보자.

$$R_{\mu\nu} - \frac{1}{2}Rg_{\mu\nu} + \Lambda g_{\mu\nu} = 8\pi G T_{\mu\nu}$$

$$H^2 = \frac{8\pi G}{3}\rho + \frac{\Lambda}{3} - \frac{k}{a^2 R_0^2}$$

$$\frac{\ddot{a}}{a} = -\frac{4\pi G}{3}(\rho + 3p) + \frac{\Lambda}{3}$$

첫 번째 줄을 보면 앞서 아인슈타인이 제시한 장방정식의 왼쪽에 새로운 항이 하나 추가되었다. 기호 Λ는 그리스 알파벳으로 '람다'라고 읽으며 값을 정할 수 있는 숫자, 상수다. 이제 이 장방정식을 우주에 적용한 식, 세 번째 줄을 보자. 복잡해 보이지만, 마찬가지로 원리는 아주 간단하다. 어떤 마이너스 값을 0으로 만드는 방법은 그 마이너스 값과 똑같은 값을 더하는 것이다. 아인슈타인은 이 람다 상수를 적절히 조절해서 앞의 마이너스 항과 크기가 똑같은 플러스 값을 만들 수 있다고 생각했다. 아인슈타인의 생각대로 저 람다 값을 조절할 수 있다면 가속도 $\ddot{a}$는 얼마든지 0이 될 수 있고, 움직이지 않는 우주를 만들 수 있게 된다.

우리가 람다라고 부른 이 상수가 바로 그 유명한 아인슈타인의 '우주상수'다. 여기까지의 수식 전개를 제대로 이해하고 싶은 사람은 이종필 교수가 집필한 『이종필의 아주 특별한 상대성이론 강의』라는 책을 꼭 읽어보길 권하고 싶다. 고등학교 수학 실력으로도 이 수식을 이해할 수 있도록 해주는 아주 재미있는 책이다.

추후 에드윈 허블에 의해 우주가 팽창한다는 사실을 알게 된 아인슈타인은, 우주를 움직이지 않게 만들기 위해서 억지로 도입한 우주상수를 자신의 인생 최대의 실수라고 인정하며 그 도입을 철회했다. 아이슈타인은 실은 물리적인 근거가 별로 없는 이 우주상수 도입을 처음부터 탐탁지 않게 생각했다고 한다. 이에 반해 학계의 동료들은 여러 가지 이유로 우주상수 도입을 반겼다고 하는데, 그중 하나는 이 상수 덕분에 우주 상태를 좀 더 일반적으로 기술할 수 있게 된 것이다. 일반상대성이론 검증에 있어서 중요한 역할을 한 에딩턴 경은 1933년 자신의 책 『팽창하는 우주』에서 우주상수 철회는 뉴턴 시대로 돌아가자는 것과 다름없다고 말하기도 했고, 르메트르는 아인슈타인의 장방정식이 중력 이외의 항인 우주상수을 갖는다는 것이 어떤 물리적 의미가 있는지에 대해서 많은 관심을 가졌다. 결국 이 우주상수는 추후 암흑에너지를 설명하는 데 있어서 다시 중요한 역할을 하게 되니, 우리도 우주상수의 존재를 잘 기억해두도록 하자.

무엇이 우주의 운명을 결정하는가

지금까지 우리는 여러 관측 결과와 방정식 풀이 등을 통해 우주가 빅뱅으로부터 시작해서 계속 팽창하고 있다는 사실을 알게 되었다. 그런데 이후로도 우주는 계속 팽창할까? 혹시 우주가 원래대로 줄어드는 일은 벌어지지 않을까?

사과 하나를 위로 던진다고 생각해보자. 사과는 지구가 잡아당기는 중력으로 인해 얼마 떠오르지 못하고 바닥에 떨어질 것이다. 그런데 만약 엄청나게 힘이 센 사람이 사과를 던지면 어떻게 될까? 지구를 탈출할 수도 있다. 터무니없는 소리 같겠지만, 실제로 인공위성의 원리가 그렇다. 아주 큰 힘을 이용해 인공위성을 던져 지구를 벗어나게 하는 것이다.

그렇다면 도대체 얼마나 세게 던져야 탈출이 가능한 걸까? 이 값을 탈출 속도라고 하는데, 1초에 11킬로미터를 갈 수 있게 던지면 지구 탈출이 가능하다. 다시 말해, 초속

11킬로미터로 움직일 수 있다면 지구가 끌어당기는 힘, 지구의 중력을 이길 수 있다는 뜻이다.

비슷하게도 우주의 중력을 이기고 탈출, 또는 팽창을 계속해서 하기 위해서는 누군가 우주를 매우 빠른 속도로 처음에 던지거나 팽창시켜야 했을 것이다. 결국 우주 내 중력과 팽창하는 힘과의 줄다리기인데, 현재 팽창하고 있는 우주가 이후에도 계속 팽창할 것인지 수축할 것인지는 우주의 중력에 달려 있다. 팽창을 가로막는 것이 우주에 있는 물질이 만드는 중력이다. 그래서 만약 우주 안에 있는 물질의 양이 적어서 중력이 약하다면 우주는 계속 팽창할 것이고, 우주 안에 물질이 많아서 중력이 세다면 우주는 팽창을 멈추고 다시 수축할 것이다. 우주의 운명은 우주에 있는 물질의 양이 결정하는 것이다.

따라서 사람들은 현재 우주가 얼마나 빨리 팽창하는지, 그리고 그 팽창 속도가 어떻게 변해가는지에 관심이 많았다. 그래서 두 연구팀이 이 질문에 대한 답을 찾기 위해 관측에 나섰다. 먼저 팽창 속도 측정 연구에 뛰어든 팀은 '초신성 우주론 프로젝트'팀으로, 버클리대학교 물리학과의 솔 펄머터 Saul Perlmutter가 연구 책임을 맡아 1988년부터 측정을 시작했다. 그런데 펄머터는 물리학자라서 천문학 관측에 대해 잘 알지 못했다.

이 모습을 지켜보던 하버드대학교 천문학과의 브라이언 슈밋Brian Schmidt 박사가 연구 주제에 흥미를 느껴 '초신성 탐색' 팀을 구성하고, 1994년에 뒤늦게 이 연구에 뛰어들었다. 그리고 1998년, '초신성 탐색' 팀이 우주 팽창 속도를 측정한 결과를 논문으로 먼저 발표했다. 한발 늦긴 했지만, 펄머터가 이끄는 '초신성 우주론 프로젝트' 팀도 같은 해에 독립적인 논문을 발표했다.

이 두 연구팀의 관측 결과는 어떻게 나왔을까? 우주에 존재하는 물질의 중력 때문에 팽창 속도가 점점 줄어들 것이라는 예측과 달리 속도가 줄어들지 않고 오히려 더 빨라지고 있었다. 즉, 지구에서 사과를 던졌는데 누군가 그 사과를 잡고 위로 계속 끌어올리고 있는 것이다.

대체 누가 이 사과를 잡아끄는가? 즉, 우주가 팽창하고 있는데 무엇이 우주를 더 빨리 팽창시키고 있는 걸까? 일단 초신성 관측을 통해서 어떻게 팽창 속도가 더 빨라지는 것을 알게 되었는지 간단히 살펴보자. 먼저 60와트짜리 전구를 생각해보자. 우리는 이 전구의 본래 밝기를 알고 있다. 그러므로 이 전구가 우리로부터 1미터 떨어져 있을 때와 2미터 떨어져 있을 때, 각각 관측되는 전구의 밝기 차이를 계산할 수 있다. 보통 거리가 두 배 멀어질수록 밝기는 네 배 어두워지는데, 거리가 두 배 멀어지면 구의 면적이 네 배 커져서 단위 면적당 도달하는 에너지가 4분의 1로 줄어드는 효과 때문이다. 앞선 두 연구팀의 실험에서는 전구 대신 최대 밝기가 일정하다고 알려진 천체인 제1a형 초신성^{supernova}을 가지고 거리에 따른 밝기의 차이를 관측했다.

그 결과 특정한 거리에서 관측한 초신성의 밝기는 연구팀이 예상했던 밝기보다 훨씬 어둡게 관측되었다. 여기서 우리는 두 가지 가능성을 생각해볼 수 있다. 첫 번째는 제1a형 초신성이 밝기가 일정한 전구(천문학자들은 이런 천체를 표준 촛불이라고 부르는데, 엄밀히 말해서 제1a형 초신성은 최대 밝기가 모두 같은 표준 촛불이 아니다. 그럼에도 불구하고 약간의 보정 과정을 거치면 표준 촛불처럼 사용할 수 있어서, 이 천체를 표준화된 촛불이라고 부른다)가 아니었을 수 있다. 그리고 두 번째는 초신성이 정해진 위치보다 더 뒤로 밀려서 어둡게 보였을 가능성이다. 과학자들이 두 가지 가능성에 대해서 면밀히

검토한 결과 제1a형 초신성을 표준 촛불로 사용할 수 없다는 확실한 증거를 찾지 못해서(이 문제는 여전히 논란 중이다), 이 두 가지 가능성 중 두 번째에 더욱 중점을 두었다.

그렇다면 무엇이 초신성을 원래 있어야 할 자리보다 더 멀어지게 했을까? 그 답이 바로 우주의 가속 팽창이다. 초신성 관측을 통해 우주의 가속 팽창을 보여준 솔 펄머터의 '초신성 우주론 프로젝트'팀과 슈밋의 '초신성 탐색'팀은 2011년 나란히 노벨물리학상을 수상한다. 같이 노벨상을 수상한 또 다른 사람은 '초신성 탐색'팀의 애덤 리스Adam Riess인데, 리스는 MIT에서 학사를 마치고 하버드대학교 천문학과에서 박사 학위를 받았다. 리스는 대학원에 가서야 우주가 팽창한다는 이야기를 처음 듣고 깜짝 놀랐다고 하는데, 이 책을 읽는 독자들은 이미 우주 팽창에 가속 팽창까지 알고 있으니 리스보다 훨씬 더 좋은 환경에 있다고 할 수 있겠다. 이들의 업적에 대한 더 자세한 내용은 이강환 박사의 『우주의 끝을 찾아서』라는 책에서 다루고 있으니, 관심이 있다면 일독을 권한다.

우주 가속 팽창이 알려진 덕분에 우주가 앞으로 다시 수축할 것인지, 계속 팽창할 것인지에 대한 논란은 현재 종식

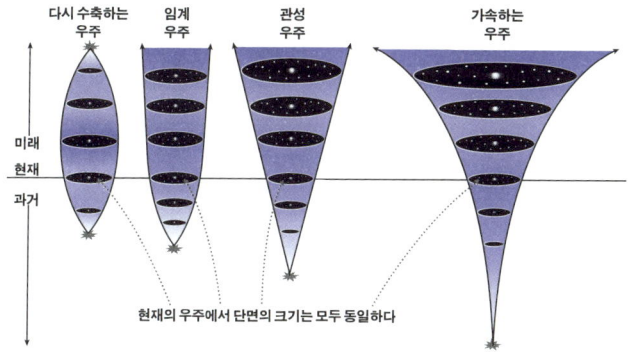

우주 팽창의 네 가지 모형

된 상태다. 우주는 가속 팽창하기 때문에 계속해서 팽창할 것이라는 게 현재 천문학계의 정설이다.

방금 언급한 우주의 팽창을 기술하는 방법은 그림과 같이 크게 네 가지가 있다. 가속 팽창하는 우주, 관성 우주, 임계 우주, 다시 수축하는 우주가 바로 그것인데, 앞서 이야기한 두 연구팀의 초신성 관측 결과 덕분에 이제 가속 팽창하는 우주의 모습을 상상하면 되겠다. 가속 팽창하는 우주의 모형을 통해 우리는 우주의 나이도 계산할 수 있다. 그렇게 계산한 우주의 나이가 바로 약 138억 년이다. 138억 년 전에 빅뱅이 있었고, 이후로 우주는 계속해서 팽창하고 있는데, 현재는 가속 팽창 중이다.

자, 이쯤에서 잊고 있었던 아인슈타인의 우주상수를 떠올려보자. 우주상수는 바로 이 우주의 가속 팽창을 설명하기 위해 필요하다. 앞에서 설명한 아인슈타인의 방정식을 다시 가져와보겠다.

$$R_{\mu\nu} - \frac{1}{2} R g_{\mu\nu} + \Lambda g_{\mu\nu} = 8\pi G T_{\mu\nu}$$

$$H^2 = \frac{8\pi G}{3} \rho + \frac{\Lambda}{3} - \frac{k}{a^2 R_0^2}$$

$$\frac{\ddot{a}}{a} = -\frac{4\pi G}{3} (\rho + 3p) + \frac{\Lambda}{3}$$

세 번째 줄의 우주 반경 a와 가속도 $\ddot{a}$가 있는 식을 보자. 앞서 우리는 우주상수 없이는 이 식의 값이 무조건 음수가 된다는 사실을 배웠다. 그 경우 우주 반경 a는 음수가 될 수 없기 때문에 가속도 $\ddot{a}$가 음수가 되고, 그 결과 우주는 감속 팽창하는 것이 된다. 그러나 초신성 관측을 통해 우주가 가속 팽창한다는 사실이 이미 밝혀졌다. 그렇다면 이제 남은 과제는 이 식의 값을 양수로 만들어 가속도 $\ddot{a}$를 0보다 큰 값으로 만드는 것이다. 그것이 가능할까?

가능하다. 그리고 그것을 가능하게 만들기 위해 우주상수 Λ(람다)가 다시 필요하다. 이 또한 수학적으로는 아주 간단한 문제인데, 어떤 마이너스 값을 0보다 크게 만들기 위해서는 그 값보다 큰 숫자를 더하기만 하면 된다. 정확히 일치할 필요 없이 단순히 큰 값이기만 하면 되기 때문에 아인슈타인이 처음 시도했던 0으로 만드는 일보다 훨씬 쉬운 작업이다. 그저 세 번째 식 오른쪽 두 번째 항의 값이 오른쪽 첫 번째 항보다 큰 값을 갖게 해서, 결과적으로 $\ddot{a}$를 0보다 큰 값으로 만들면 된다. 아인슈타인이 100년 전에 만든 방정식인데, 그때는 자기 인생 최대의 실수라며 철회까지 한 우주상수가 지금에 와서 존재를 다시 드러낸 것이다.

우리는 이제 아인슈타인의 방정식을 이용해서 우주를 기술하는 방법을 이해했는데, 그래도 새로운 질문은 계속 이어진다. 그래서 우주를 가속 팽창시키는 힘은 도대체 무엇이란 말인가? 우주상수 Λ의 물리적 정체는 무엇인가?

마침내 무대로 등장한 암흑에너지

암흑에너지와 표준우주모형

오늘날 대부분 과학자들은 우주상수 Λ의 정체는 바로 우주를 가속 팽창시키는 원인인 암흑에너지라고 생각한다. 만약 우주를 가속 팽창시키는 게 정말 암흑에너지라면 이것은 실로 어마어마한 에너지다. 우주의 70퍼센트를 차지하고 있으니 말이다. 드디어 3부의 핵심인 암흑에너지에 집중할 차례다.

    암흑에너지의 정체를 설명하는 여러 이론 중에서 그나마 이해하기 쉬운 게 진공 에너지 이론이다. 진공은 말 그대로 아무것도 없는 것을 뜻한다. 그런데 진공 에너지는 아무것도 없는 상태가 아니다. 양자역학적으로 진공은 아무

일도 벌어지지 않는 조용한 공간이 아니다.

바람이 불어 호수에 물결이 이는 모습을 떠올려보자. 멀리서 보면 호수에는 아무 일도 없는 것처럼 보일 것이다. 하지만 가까이 다가서서 보면 조그마한 물결이 일고 있는 걸 볼 수 있다. 진공도 그렇다. 자세히 보면 '가상의 입자 쌍'이라는 게 존재한다는 것을 알 수 있다. 이 가상의 입자 쌍은 입자와 반입자를 말하는데, 같은 질량을 가지면서 하나는 음의 전하를, 하나는 양의 전하를 띤다.

이 가상의 입자 쌍은 플러스와 마이너스 같아서 갑자기 생겨났다가 없어지고, 다시 합체하면 없어지는 식으로 생겼다가 없어지는 걸 계속 반복한다(이것을 쌍생성과 쌍소멸이라고 한다). 그리고 둘이 합쳐지면서 소멸할 때는, 처음 생겨날 때 진공에서 빌려온 에너지를 공간에 남기게 된다. 이 에너지를 진공 에너지라고 하고, 이것 때문에 공간이 가속 팽창한다고 생각한다(마이너스 통장처럼 잔고 아래로 돈을 잠시 빌려오는 것과 비슷하다).

즉, 진공이란 에너지가 절대적으로 0인 상태가 아니라 이런 일들이 계속 벌어져서 그 에너지가 공간에 쌓여서 어떤 값을 갖는 상태다. 우주 공간은 다 진공상태이니, 어느 위치에나 이런 진공 에너지가 퍼져 있다.

  비유를 좀 더 들기 위해서 다시 사과를 생각해보자. 간단한 수준의 물리법칙을 활용하면, 책상에 놓인 사과의 위치에너지는 책상을 기준으로 보면 0이다. 위치에너지는 보통 mgh로 주어지는데, 여기서 m은 질량, g는 중력가속도 9.8미터/s^2, h는 기준점으로부터의 높이다. 따라서 책상에 놓인 사과는 책상으로부터의 높이가 0이기 때문에 위치에너지가 0이라고 할 수 있다. 그런데 이 사과의 높이를 책상을 기준으로 보는 게 아니라, 책상이 놓인 방바닥을 기준으로 생각하면, 위치에너지는 어떻게 될까? 사과가 놓인 책상 면이 방바닥보다 높이 있기 때문에 위치에너지는 0보다 클 것이다. 뭔가 특별한 일이 벌어진 것이 아니고, 책상에 놓인 똑같은 사과를 두고 기준점을 어디에 두느냐에 따라 에너지라고 하는 게 달라졌다. 이처럼 진공도 절대적인 에너지가 0이 아니다. 기준점을 달리해 좀 더 자세히 들여다보면, 가만히 있는 것처럼 보이지만 0이 아닌 양의 에너지를 갖는다. 그게 바로 진공 에너지다. 그 진공 에너지가 암흑에너지이고, 암흑에너지가 희한하게도 무언가를 밀어내는 척력 역할을 한다고 알려져 있다. 이 척력이 우주 팽창을 점점 더 빨리 가속시키는 것이다. 현재까지는 이 이론이 암흑에너지를 설명하는 가장 단순하고 그럴듯한 것이지만, 실제로는 이런 진공 에너지를 직접 계산해보면 우주에서 측정한 값과는 너무나 많은 차이가 나서, 많은 학자들이 여전히 어딘가 문제가 있다고 생각한다.

그렇다면 이 보이지 않는 에너지를 포함해서 우리는 우주를 어떻게 종합적으로 이해할 수 있을까? 우주를 종합적으로 이해하기 위한 노력을 우주론이라고 하고, 그 이론적 모형을 우주 모형이라고 한다. 현재까지 학자들이 여러 관측 결과를 종합해서 만든 가장 좋은 우주 모형이 있는데, 그것을 우리는 표준우주모형이라고 부른다.

표준우주모형을 구성하는 요소는 여러 가지가 있다. 우선은 빅뱅이 있어야 한다. 우리 책에서는 다루지 않지만, 빅뱅 다음의 급팽창도 아주 중요한 요소다. 그다음으로 암흑물질이 필요하다. 이때 암흑물질은 2부에서 설명한 것처럼 차가운 암흑물질이어야 한다. 천체는 물질이 많이 모인 곳에서 만들어지기 때문에 가스로부터 천체를 만드는 중력 불안정 기작도 필요하다.

우주에는 암흑에너지, 암흑물질, 보통 물질, 중성미자

등이 섞여 있다. 큰 규모에서 봤을 때는 이 물질들이 골고루 퍼져 있지만, 작은 규모로 보면 그렇지 않다. 물질이 조금 많은 곳이 있으면 물질이 조금 적은 곳도 있는 식이다. 앞서 우주배경복사를 설명하면서도 우주에도 물질의 '빈익빈 부익부' 현상은 존재한다는 이야기를 했는데, 이 현상 덕분에 물질이 많은 곳은 점점 더 큰 중력을 발휘해서 물질을 모아 수많은 별과 은하를 만들어낸다.

표준우주모형에는 가속 팽창하는 우주를 설명하는 데 필요한 우주상수 또는 암흑에너지도 포함되어 있다. 먼저 우주는 138억 년 전, 빅뱅을 통해 무한한 크기로 생겨나 영원히 팽창하게 된다. 여기서 주의해야 할 것은 우주의 어느 한 점에서 빅뱅이 생겨난 것이 아닌, 빅뱅에서 우주의 시공간 자체가 생겨났다는 것이다. 말장난처럼 들릴지도 모르지만, 이것은 아주 중요한 차이다. 즉, 빅뱅으로부터 우주의 시간과 공간이 함께 생겨났으며, 생겨날 때부터 우주는 무한했다. 누군가 우주의 크기가 무한한지 유한한지를 질문한다면, 안심하고 무한하다고 말하면 된다.

그러나 실제로 우리가 눈으로 볼 수 있는 우주는 유한하다. 1부에서도 '본다'는 행위가 과학적으로 어떤 의미인지 설명했는데, 눈으로 무언가 본다는 건 결국 그 무언가로부터 나오는 빛을 보는 것이다. 즉, 우리가 볼 수 있는 우주는 빛이 우주의 나이만큼 달려온 거리에 해당한다. 숫자로 표현하면, 빛은 1초에 30만 킬로미터를 이동하므로 그 속도에 138억 년을 곱한 거리만큼 우리는 우주를 볼 수 있다. 그 이전에 출발한 빛은(이런 빛이 없기도 하지만) 아직 우리에게 다다르지 않아서 볼 수 없으며, 우리가 관측 가능한 영역을 우주의 지평선이라고 한다.

그렇다면 관측 가능한 우주의 크기는 정확히 138억 광년일까? 실제로는 그렇지 않다. 우주는 계속해서 팽창하고 있으므로, 실제로는 138억 광년의 약 3.4배 정도 되는 470억 광년 정도다 (즉, 가장 멀리 볼 수 있는 지점이 현재 우리로부터 이만큼 떨어져 있다는 것이다). 이렇듯 가속 팽창까지 설명할 수 있는 표준우주모형을 우주상수 Λ와 차가운 암흑물질cold dark matter, CDM을 합쳐서 ΛCDM 모형Lambda-cold dark matter model이라고도 한다.

표준우주모형을 이용하면 빅뱅이라는 대폭발이 일어난 시점부터 138억 년에 달하는 우주의 역사를 모두 담아낼 수 있다. 빅뱅에서 출발한 우주에서 양성자와 전자가 생겨

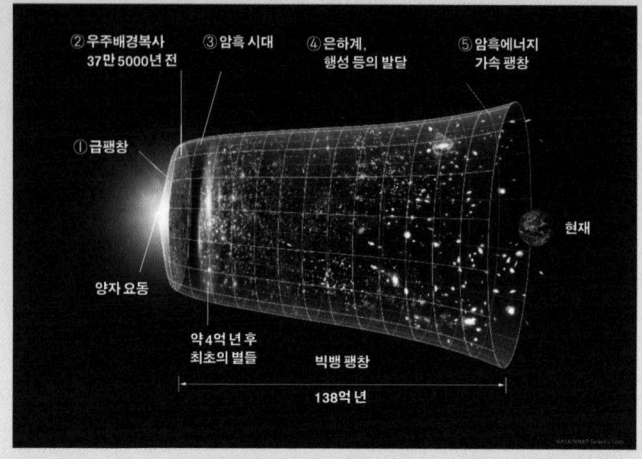

표준우주모형으로 재구성한 우주의 역사 (ⓒNASA/WMAP Science Team)

나 이들이 만나 수소가 되고, 수소가 뭉쳐 별이 탄생하고, 별이 모여 은하가 되고, 그 은하에서 또 생명체가 태어났다. 이렇듯 표준우주모형은 암흑물질과 암흑에너지를 포함해 우주에서 벌어지는 거의 모든 사건 사고를 설명하는 아주 중요하고 의미 있는 모형이다.

컴퓨터 시뮬레이션으로 예측하는 암흑에너지

이번에는 실제 암흑에너지 연구가 어떻게 진행되고 있는지 살펴보자. 앞서 언급한 2011년 노벨물리학상 수상자, 솔 펄머터와 브라이언 슈밋, 그리고 애덤 리스가 우주의 가속 팽창을 밝혀낸 이후로, 척력 역할을 하는 암흑에너지의 정체를 알아내는 게 중요한 연구 주제가 되었다. 과학자들이 밝혀낸 바에 따르면 우주의 현재 질량-에너지 밀도의 5퍼센트는 별, 수소, 헬륨 등이 차지하고, 나머지 25퍼센트는 암흑물질, 70퍼센트는 암흑에너지가 차지하고 있다.

또한 암흑물질 연구에서는 암흑물질이 천천히 움직일 때, 또는 빠르게 움직일 때의 이론을 바탕으로 가상의 지도를 만들어서, 실제 관측한 자료와 비교한다고 했다. 이 과정을 통해 암흑물질이 천천히 차갑게 움직여야 한다는 사실도 알게 되었는데, 암흑에너지 연구도 비슷하다.

이번에도 컴퓨터에 우리가 알고 있는 과학 법칙을 전부 집어넣은 후, 열심히 시뮬레이션해서 우주의 변화 모습을 추적한다. 다만 이때 들어가는 암흑물질과 암흑에너지의 양을 조절해서 여러 가지 버전의 우주를 만들어보는 게 핵심이다. 이것은 마치 요리할 때 가장 맛있는 조리법을 찾기 위해서 양념의 양을 다양하게 시도해보는 것과 비슷하다. 예를 들어 세 가지 경우를 생각해볼 수 있는데, 첫 번째는 '암흑물질 조금, 암흑에너지 많이', 두 번째는 '암흑물질 많이, 암흑에너지 없이', 세 번째는 '암흑물질 조금, 암흑에너지 없이'와 같은 식이다. 이렇게 여러 차례 시뮬레이션을 수행해서 얻어진 가상 우주의 은하 분포와 실제 관측에서 얻은 은하 분포를 정량적으로 비교해서 관측을 가장 잘 설명하는 시뮬레이션의 조건(즉, 암흑물질과 암흑에너지의 양)을 찾으면 된다.

이런 시뮬레이션은 보통 슈퍼컴퓨터를 사용해서 이루어진다(우리나라도 한국과학기술정보연구원KISTI이라는 곳에 슈퍼컴퓨터가 있다). 그리고 이 컴퓨터 시뮬레이션을 대표적으로 잘하는 곳이 우리나라의 고등과학원이라는 연구소다. 고등과학원의 박창범과 김주한이 2012년에 세계 최대 우주 진화 시뮬레이션을 통해 타당성을 의심받던 표준우주모형이 유효하다는 것을 입증하기도 했다. 이는 대한민국이 해낸 자랑스러운 업적으로, 세계 최대 우주 진화 모의실험이었다. 나도 한때 고등과학원 소속 연구원으로 모의실험 자료 분석을 같이 수행했으며, 지금도 고등과학원 연구팀과 최신의 우주 진화 모의실험을 수행하고 같이 분석하는 작업을 진행 중이다.

이 실험을 통해 표준우주모형에서도 실제로 관측되는 거대한 은하 집단이 존재할 수 있다는 것을 증명했다. 우주 지도를 보면 신기하게 은하들이 거미줄처럼 퍼져 있는데, 그 거미줄 양상은 암흑물질과 암흑에너지양에 따라 달라진다. 컴퓨터 시뮬레이션으로 이것을 검증해볼 수 있었던 것이다.

예를 들어 고등과학원에서 시뮬레이션을 통해 예측한 지도는 실제 관측에서 얻은 지도와 구분이 어려울 만큼 유사하다. 애초에 두 지도가 거울처럼 완전히 똑같기를 기대하는 건 아니고, 다만 은하 분포에 관한 통계적 양상이 비슷하기를 바라는 것이다. 결과적으로 두 지도가 꽤 비슷했고, 이는 컴퓨터 시뮬레이션을 할 때 사용했던 물리법칙과 조건들이 실제 우주를 잘 설명할 수 있다는 뜻이 된다.

실제로 이 비교 연구는 2013년 미국에서 연구원 생활을 하던 도중에 수행한 것인데, 의미 있는 결과를 얻게 되어서 너무 기쁜 나머지, 그 당시 지도교수와 함께 해당 지도가 인쇄된 머그컵을 기념으로 만들었고, 지금도 연구실에서 사용 중이다. 그러다 그해에 프린스턴대학교 물리학과에 방문할 일이 있어서 이 머그컵을 들고 갔다. 프린스턴대학교 물리학과에는 제임스 피블스^{James Peebles}가 있는데, 피블스는 세계 최초로 은하 지도를 만든 사람 중 한 명인 하버드-스미소니언 천체물리학연구센터의 마거릿 겔러^{Margaret Geller}의 스승이다. 미국 연구원 시절 내 지도교수이기도 했던 겔러가 프린스턴대학교에 피블스를 만나러 가게 되면 꼭 이 머그컵을 드리며 인사하라고 당부해서, 실제로 이 컵을 들고 피블스를 만나러 갔다.

그 자리에서 머그컵을 보여드리며 이렇게 말했던 기억이 난다. "이 머그컵 속 지도 중 하나는 컴퓨터 시뮬레이션으로 만든 지도이고, 다른 하나는 실제 관측한 지도입니다.

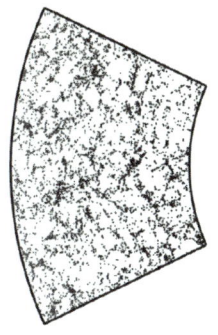 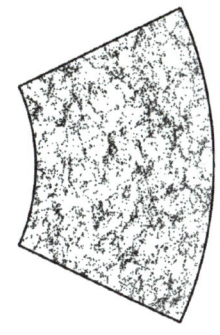

고등과학원에서 시뮬레이션으로 만든 지도(오른쪽)와 실제 관측으로 만든 지도(왼쪽)

어떤 게 컴퓨터 시뮬레이션이고 어떤 게 실제 관측 지도일까요? 맞히시면 머그컵을 드리겠습니다."

그런데 결과는, 놀랍게도 틀리셨다. 피블스는 은하의 분포를 물리학적으로 이해하는 데 대단히 중요한 기여를 한 연구자다. 표준우주모형, 암흑물질, 암흑에너지 개념들을 실제 도입해서 적용했고, 컴퓨터 시뮬레이션으로 은하 분포의 진화를 최초로 연구한 사람 중 한 명이다. 이 공로를 인정받아 2019년에는 노벨물리학상을 받았다. 그만큼 컴퓨터 시뮬레이션도 잘 알고, 실제 관측에서의 은하 분포도 잘 아는데, 이 최고의 연구자마저 차이점을 구분하지 못한 것이다.

그때는 이렇게 대단한 학자도 틀릴 수 있다는 사실에 나름 위안받았던 기억이 있다. 멀게만 느껴졌던 과학자가 옆 동네 아저씨처럼 푸근하고 친근하게 느껴졌다. 그래도 머그컵은 선물로 드리고 돌아왔다.

암흑에너지를 둘러싼 재미있는 주장들

우주의 가속 팽창을 설명하기 위해서 암흑에너지가 필요하다고 했는데, 물론 모든 천문학자가 이에 동의하는 건 아니다. 암흑에너지가 없어도 된다는 주장도 있다. 2021년, 우리나라에서 '암흑에너지는 존재하는가'라는 주제로 '우주론 대토론'이 벌어지기도 했다. 내가 사회자로 참여한 이 대토론에는 앞서 소개한 고등과학원의 박창범이 등장한다. 박창범은 암흑에너지가 필요하다고 주장한 반면, 연세대학교의 이영욱은 암흑에너지가 없어도 우주를 설명하는 데 아무 문제가 없다고 했다. 좀 더 자세히 얘기하면, 이영욱은 암흑에너지 도입의 결정적 계기가 된 제1a형 초신성 관측 결과에 대한 해석이 잘못되었을 수 있다고 주장했다. 앞서 잠깐 언급한 대로 이 관측의 전제는 제1a형 초신성이 밝기가 일정한 표준 촛불이어야 하는데, 이것이 잘못되었다는 것이다. 이 주장은 꽤 의미 있고, 사실상 매우 용기 있는 주장이 아닐 수 없다. 한편 박창범은 설령 초신성 관측이 잘못되었다 하더라도 암흑에너지의 존재를 지지하는 다른 관측 결과가 이미 매우 많다는 입장이다.

물론 어느 쪽 주장이 맞는지 아직까지는 확실히 알 수 없다. 다만 중요한 것은, 현재 우리나라 천문학자들이 암흑에너지에 관한 최첨단 연구를 진행하고 있다는 사실이다.

최근에는 우주를 가속 팽창시키는 암흑에너지의 정체가 우주상수가 아니라 '제5원소'일 수도 있음을 주장하는 논문이 발표되기도 했다. 나를 포함한 고등과학원 주도의 국제공동연구진이 암흑에너지가 아인슈타인의 우주상수가 아니라, 시간에 따라 그 양이 달라질 수 있는 '제5원소'일 가능성을 제시한 것이다.

그런데 뜬금없이 등장하는 제5원소가 무엇일까? 1997년에 나온 영화 중 브루스 윌리스 주연의 〈제5원소〉가 있다. 영화는 1914년 이집트를 배경으로 한 노학자가 피라미드 벽에 새겨진 다섯 원소의 비밀을 밝혀내는 내용으로, 지구상 모든 원소 중 제일은 '사랑'이라는, 조금 유치한 결말에 도달한다. 그럼 암흑에너지가 사랑이라는 뜻일까?

당연히 그렇지는 않다. 우선 어원을 먼저 살펴보자. 제5원소를 영어로 '퀸테센스Quintessence'라고도 하는데, 물질의 가장 순수한 본질을 뜻한다. 라틴어 'quinta essentia'에서 유래한 것인데, 퀸트quint가 다섯 번째라는 뜻이고 에센스essence는 원소라는 뜻이다.

과학에서 제5원소는 여러 의미로 사용된다. 먼저 아리스토텔레스가 말한 에테르Aether도 제5원소다. 에테르는 그리스 로마 신화에 등장하는 빛과 대기의 신으로, 아리스토텔레스는 세상의 모든 물질이 '물, 불, 흙, 공기'라는 네 원소로 이루어졌으며, 이에 더해 천상계는 제5원소, 즉 에테르로 이루어졌다고 했다. 또한 물리학에서 빛이 입자냐 파동이냐를 논하던 시절, 파동인 빛에게 필요한 매질을 에테르라고 하기도 했다.

우리가 지금 말하고자 하는 제5원소는 아리스토텔레스와도 빛의 매질과도 거리가 있다. 여기서 제5원소란 우주상수와 달리 시간에 따라 변화하는 암흑에너지를 가리킨다. 우주를 기술하기 위해서는 원래 필요한 몇 가지 성분이 있는데, 그중 보통의 물질인 중입자, 중성미자, 암흑물질, 빛을 제외한 다섯 번째 성분, 즉 모르는 성분이라는 의미에서 제5원소라는 이름을 붙였다.

'제5원소'의 정체를 밝혀라

우주를 기술하는 숫자들

암흑에너지 연구에서 말하는 제5원소의 정체를 밝히기 전에 이것부터 생각해보자. 우주를 기술할 때 필요한 숫자는 무엇일까? 우리는 암흑물질과 암흑에너지 양을 어떻게 정량화할 것인가?

영국왕립천문학자인 마틴 리스$^{\text{Martin Rees}}$경은 우주를 기술하는 데 필요한 숫자를 여섯 개의 수로 제안했다. 첫 번째 수는 전기력과 중력의 비율이다. 실제 숫자로 나타내면 10의 36승이다. 두 번째는 수소가 헬륨으로 변할 때 질량이 에너지로 변하는 비율로, 0.7퍼센트다. 이 비율이 바로 원자폭탄의 원리와 관련되어 있다. 그리고 세 번째는 우주의 밀도 계수, 즉 우주에 물질이 얼마나 많이 있어서 우주의 팽창을 제어하고 있는지에 대한 수로, Ω^{omega}로 나타내며 우주의 곡률을 평탄하게 만드는 임계밀도critical density 값은 1에 해당한다(뒤에 더 자세히 설명하겠다).

네 번째는 우리가 여러 번 이야기한 우주상수로, 우주상수 Λ는 0보다 커야 한다는 것이다. 다섯 번째는 우주거대구조 형성과 관련되어 있는데, 결합된 구조를 와해시키는 에너지와 정지질량에너지의 비를 뜻하는 Q로써, 10의 -5승 정도의 값을 갖는다. 여섯 번째는 우리가 살고 있는 공간의 차원에 관한 숫자로, 우리에게 가장 친숙한 숫자다. 바로 이 공간은 3차원이어야 한다는 것, 즉 숫자 3이다. 이렇게 여섯 개의 수가 있으면 우리가 살고 있는 우주를 기술할 수 있다는 것이 리스 경의 주장이다. 그의 주장은 국내에도 『여섯 개의 수』라는 책으로 나와 있다.

여기서 우리가 주목할 숫자는 우주의 밀도 계수 Ω와 우주상수 Λ다. 우주 밀도 변수는 우주 내 각 성분의 기여에 따라서 좀 더 구체화할 수 있는데, 예를 들어 암흑물질과 보통 물질을 합쳐서 총 물질의 기여도를 Ω_m이라고 하고, 우주상수 또는 암흑에너지의 기여도를 Ω_Λ라고 하면 Ω는

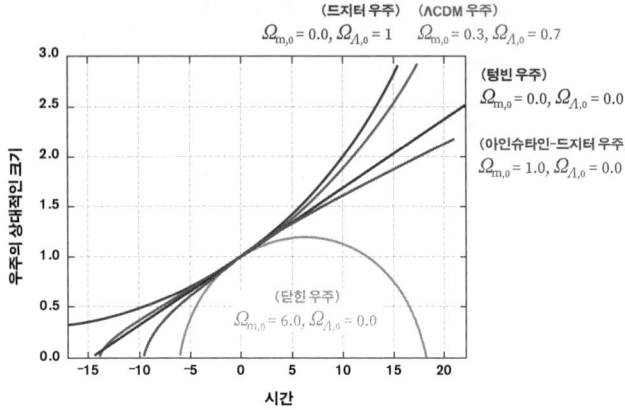

여러 가지 우주의 모형

Ω_m과 Ω_Λ의 합으로 생각할 수 있다. 이제 숫자를 조합하면 다음 그림처럼 다양한 우주의 모습을 설명할 수 있다.

이 그림의 세로축은 엄밀히는 우주 내 두 점 사이의 간격인데, 간단히 우주의 크기라고 생각해도 좋다. 가로축은 우주의 시간이므로, 이 그래프를 시간에 따른 우주의 크기 변화라고 생각하면 되겠다(시간축 0이 바로 현재다). 여러 가지 곡선은 바로 우주 질량-에너지 밀도에 기여하는 물질과 우주상수/암흑에너지의 다양한 조합을 보여준다. 앞서 설명한 것처럼 여러 관측과 시뮬레이션 연구 결과 현재 우주는 물질의 양이 약 30%(즉, $\Omega_m = 0.3$), 암흑에너지의 양이 약 70퍼센트(즉, $\Omega_\Lambda = 0.7$)인 표준우주모형에 맞는 것으로 알려져 있어, ΛCDM 우주 곡선이 우리 우주를 가장 잘 설명하는 곡선이라고 할 수 있다. 이 곡선을 왼쪽으로 쭉 따라가면 세로축이 0이 되는 지점과 만나는데, 이때 가로축 값이 바로 빅뱅의 시작, 우주의 나이 138억년을 의미한다.

여러 우주 모형 중 가장 유력한 모형인 표준우주모형을 더 자세히 살펴보자. 이제부터는 간단하게 ΛCDM 모형이라고 이야기하겠다.

이번에 보여주는 그래프는 세로축은 우주 질량-에너지 밀도로서, 일반 물질, 암흑물질, 암흑에너지의 양을 의미한다. 가로축은 우주의 나이를 의미한다. 즉, 이 그래프는 우주를 구성하는 각 성분들의 질량-에너지 밀도가 시간에 따라서 어떻게 변할지를 ΛCDM 모형이 예측한 것을 보여준다. 먼저 돌을 넣은 풍선을 부는 상상을 해보자. 우리는 이때 밀도를 계산할 수 있다. 밀도는 풍선의 단위 부피 안에 돌이 몇 개 있느냐를 나타낸다. 풍선을 계속 불면 부피는 점점 커지지만, 돌 개수는 그대로이니 밀도는 줄어

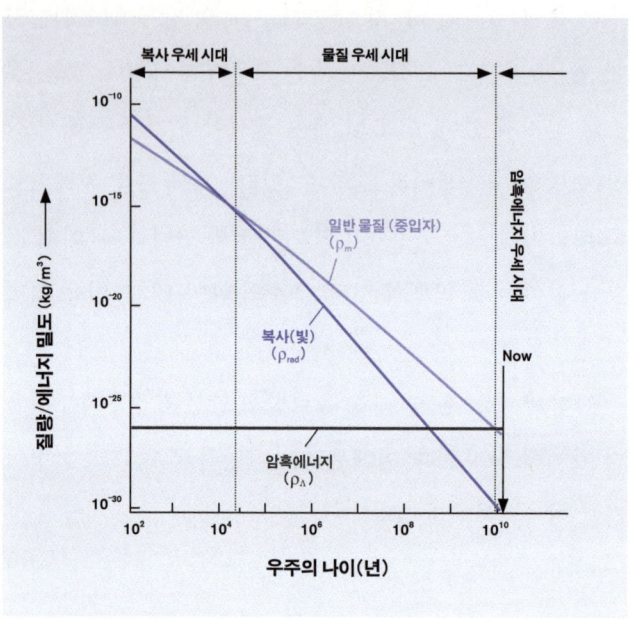

그래프로 나타낸 ΛCDM 모형

들 것이다. 우주에서도 같은 일이 벌어진다. 우주 안 물질의 양은 늘어나지 않는데 우주가 팽창하면서 부피가 커지는 바람에 밀도는 점점 낮아진다. 이때 공간의 부피 구하는 식(반지름에 세제곱)을 생각해보면, 물질의 밀도가 낮아지는 양상은 파란색 곡선처럼 우주 크기의 세제곱에 반비례함을 알 수 있다. 복사 곡선은 빛의 밀도가 변하는 양상을 보여준다. 우주 안의 빛 또는 광자의 총량이 보존된다고 생각하면, 빛의 에너지 밀도는 우주가 팽창하면서 줄어드는데, 이때 우주가 팽창하면서 빛의 파장도 같이 늘어난다고 생각해야 한다. 빛의 파장이 늘어나면 그 에너지는 파장에 반비례해서 줄어들기 때문에, 빛의 에너지 밀도는 부피 팽창에 의한 효과로 우주 크기의 세제곱에 반비례하는 것에 파장의 증가까지 더해서 결과적으로 우주 크기 네제곱에 반비례하면서 줄어든다. 따라서 복사 곡선이 일반 물질 곡선보다 가파르게 감소한다.

반면 암흑에너지 밀도의 경우 물질의 밀도와 달리 계속 일정하게 유지되는데, 그 이유는 암흑에너지의 핵심이 진공 에너지이기 때문이다. 즉, 우주가 팽창하면서 우주 공간이 늘어나는데 늘어나는 만큼 진공 에너지가 또 생기는 것이다. 부피가 커지는 만큼 진공 에너지도 같은 비율로 늘어나기 때문에 그 밀도는 항상 일정하게 유지된다. 우리가 알고 있는 물질이나 빛은 우주가 팽창하면서 밀도가 줄어들지만 암흑에너지 밀도는 변하지 않는다는 것이 이 그래프의 핵심이다.

암흑에너지의 밀도는 정말 변하지 않을까?

'제5원소'를 밝히기 위한 연구는 바로 여기서부터 출발한다. ΛCDM 모형에서 보여주는 것처럼 암흑에너지의 밀도는 정말 변하지 않는 것인가?

그것을 파악하기 위해서는 암흑에너지의 상태방정식이라는 것을 알아야 한다. 물리학에서 상태방정식은 온도, 압력, 부피, 내부에너지 따위의 상태변수들 사이의 관계를 나타내는 방정식을 뜻한다.

우리는 중학교 과학 시간에 이미 몇 가지 열역학 법칙을 배운 적이 있다. 먼저 보일의 법칙^{Boyle's law}이다. 이 법칙은 온도가 일정할 때 압력과 부피는 반비례한다는 것을 나타내는 법칙이다. 다음으로는 압력이 일정할 때 부피는 온도에 비례함을 나타내는 샤를의 법칙^{Charles' law}이 있다. 온도를 높이면서 탁구공의 팽창을 관찰하는 실험을 한번씩 해본 적 있을 것이다. 그리고 이 두 법칙을 종합한 게 보일-샤를의 법칙인데, 이것이 결국 기체의 상태방정식이다.

고등학교 때는 이상기체상태방정식이라고 $PV=nRT$라는 식을 열심히 외웠을 수도 있다. 이때 P는 압력, V는 부피, n은 몰^{mol} 수, R은 보편기체상수, T는 온도인데, 이상 기체의 물리량 간 관계식이다.

마찬가지로 우주 구성 성분에 대해서 상태방정식을 간단하게 P = wρ라고 쓸 수 있는데, 이때 P는 압력, ρ는 밀도이고, w는 상태방정식의 계수다. 이 w값은 어떤 물질이냐에 따라 달라지는데, 예를 들면 우주의 보통 물질은 너무 천천히 움직여서 우주적인 구조로 볼 때는 압력이 없다고 여겨지므로, w가 0이다. 빛이나 중성미자처럼 매우 빨리 움직이는 것은 w가 3분의 1에 해당한다. 암흑에너지가 우주상수일 경우는 w = −1에 해당한다(이 값을 가져야 우주가 팽창해도 밀도가 변하지 않고 일정한데, 바로 다음 절 수식을 보면 무슨 말인지 이해가 될 것이다). 부호가 음수인데 이게 무슨 말인가. 암흑에너지의 밀도는 0보다 큰 양수이고 이 부호 때문에 압력이 음수가 된다. 즉, 압력이 음수라는 것은 보통 물질과 다른 압력을 낸다는 말인데, 앞서 우주의 팽창을 기술하는 식에서 팽창 가속도 $\ddot{a}$가 압력 p가 음수일 때 양수가 되도록 만들기 때문에, 우주가 가속 팽창한다고 언급했다. 정리하면 암흑에너지는 신기하게 에너지가 존재하지만, 상태방정식의 계수 w가 음수여서 척력 역할을 해서 우주 가속 팽창을 일으킨다.

두 번째로 필요한 개념은 우주의 물질과 곡률 간의 관계다. 우주에 존재하는 물질의 총량은 우주의 곡률과도 관련이 있는데, 이것은 아인슈타인의 일반상대성이론에 의해 시공간이 휘어지는 정도가 바로 그 안에 있는 물질과 에너지에 의존하기 때문이다.

그렇다면 곡률이란 어떤 개념일까? 삼각형을 한번 떠올려보자. 우리는 삼각형 내각의 합을 180도라고 배운다. 그러나 실제로 삼각형 내각을 지구 표면에 세워서 재보면 그렇지 않다. 극에서 하나, 적도에서 하나, 또 다른 적도에서 하나의 점을 찍고 삼각형을 지구 위에 그리면 삼각형 내각의 합이 어떻게 될까? 위에서 90도, 오른쪽에서 90도, 왼쪽에서 90도, 총 270도로 180도가 되지 않는다. 지구 표면이 둥글기 때문에 180도가 안 되는데, 이 둥근 정도를 곡률이라고 한다. 그리고 이 곡률을 설명할 때 필요한 변수가 바로 앞서 배운 우주의 밀도 계수 Ω다.

Ω는 우주를 구성하는 성분에 따라 크게 세 가지로 나뉜다. 앞서 간단히 언급한 대로 수소와 헬륨을 비롯해 무거운 원소들, 별과 은하 등 일반 물질과 암흑물질을 포함하는 물질 전체에 대한 Ω_m이 있고, 중성미자를 포함한 빛에 대한

Ω_r, 우주상수/암흑에너지에 대한 Ω_Λ가 있다. 우주의 밀도 변수 Ω가 1인 경우 우주는 기하학적으로 평평하다고 이야기한다(다르게는 우주 곡률을 나타내는 밀도 계수 Ω_K가 0이라고 한다). Ω가 1보다 크면 우주 질량-에너지 밀도가 우주를 평평하게 만드는 임계밀도보다 크다는 말로, 우주가 양의 곡률을 갖도록 닫힌 공간 위에 공처럼 형성된다. Ω가 1보다 작으면 우주 질량-에너지 밀도가 임계밀도보다 작은 열린 우주로, 우주가 말안장처럼 휘어진 형태다. 이렇듯 Ω의 값을 알면 우주의 곡률을 알 수 있다.

그렇다면 우리 우주의 Ω 값은 어떨까? 어쩌면 이미 눈치챈 사람이 있을지도 모르겠다. 앞에서 리스 경이 제안한 여섯 개의 숫자를 소개하며 우주의 밀도 계수 Ω는 1이라고 이야기했다. 그렇다. 측정 결과 우리 우주의 총합 Ω는 1이었다. 즉, 우리 우주는 편평한 모양의 평탄한 우주다. 이 총합 1 중에서, 물질의 기여가 보통 물질과 암흑물질을 합쳐서 30퍼센트 정도인 것이다.

이제 우리의 목표는 암흑에너지의 w 값을 잘 측정해서 어떤 물질과 비슷한지를 아는 것인데, 우주 질량-에너지 밀도에 기여하는 물질의 정도, 즉 Ω_m 측정도 동시에 이루

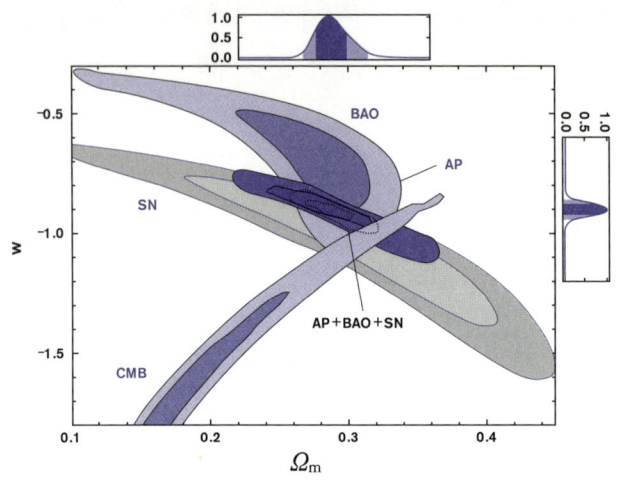

암흑물질의 양과 상태방정식 계수 사이의 관계를 나타내는 그래프

어진다. 이 두 가지 물리량을 동시에 결정하기 위해서 그래프를 그리면 산의 높이를 나타내는 등고선과 같은 형태로 나타낼 수 있다. 이때 가로축은 물질의 질량-에너지 밀도 Ω_m를 나타내고, 세로축은 암흑에너지의 w 값을 의미한다. 이 등고선은 우리가 산의 높이를 나타내는 그림과 비슷한데, 산 가장 높은 곳이 각 물리량이 갖는 값의 확률이 가장 크다.

즉, 이 그래프에서 등고선 높이가 제일 높은 곳이 어디인지 찾아서, 그 높은 곳의 가로축과 세로축 값을 읽으면 각 물리량 값을 찾을 수 있다. 여기서 서로 다른 색깔의 등고선은 서로 다른 관측 결과를 의미한다. 각 관측의 등고선을 종합해서 얻은 최종 등고선이 바로 점선으로 표시된 AP+BAO+SN 등고선이다. 이 등고선에서 가장 높은 곳의 가로축과 세로축 값을 읽어보면 Ω_m = 0.285±0.014와 w =-0.903±0.023이 된다. 즉, 물질의 질량-에너지 밀도 Ω_m은 28.5퍼센트 정도로, 오차를 고려하면 이전의 30퍼센트와 크게 다르지 않다. 그러나, 암흑에너지의 상태방정식 w 값은 -0.9로, 오차를 고려해도 -1(암흑에너지가 우주상수인 경우)과 다르다는 것을 알 수 있다. 즉, 암흑에너지가 우주상수가 아닐 수 있다는 가능성이 오차범위보다 훨씬 크게 구해진 것이다. 이게 바로 고등과학원 연구팀의 결과고, 우리가 알기로는 암흑에너지가 우주상수가 아닐 가능성을 관측 자료로 제대로 보여준 첫 번째 연구 결과다.

암흑에너지 밀도가 시간에 따라 바뀌는 '제5원소'

또 다른 식을 보자. 앞서 예로 든 돌이 든 풍선을 다시 가져와, 풍선이 커짐에 따라서 돌의 밀도가 어떻게 달라지는지 수식으로 써보면 다음과 같다.

$$R^{3(1+w)}\rho = \rho_0 = \text{상수}$$

$$\rho = \frac{\rho_0}{R^{3(1+w)}}$$

ρ는 어떤 시점의 밀도이고, ρ_0는 돌이 몇 개 들어 있는지를 뜻하는 상수다. R은 풍선 또는 우주의 반경 같은 것으로, R^3은 그 부피에 해당한다. 이 식을 이용해 시간에 따른 밀도 ρ를 계산할 수 있는데, 풍선 내 돌을 물질이라고 생각하면 앞서 물질은 상태방정식 계수 w가 0이라고 했으니, 이것을 식에 넣으면 $\rho = \rho_0/R^3$만 남아서 결국 밀도는 앞서 이야기해 우리가 잘 알듯 R의 세제곱에 반비례한다!

빛은 상태방정식 계수 w가 삼분의 일이라고 했으니 위 식에 대입하면 $\rho = \rho_0/R^4$가 되어서, 앞서 설명한 대로 R의 세제곱에 반비례하는 게 아니라 R의 네제곱에 반비례한다! 우주상수의 경우는 w가 -1이니, 위 식에 대입하면 $\rho = \rho_0$ 만 남아서 R이 달라져도 밀도가 ρ_0 상수로 변하지 않는다! 이전 설명처럼 우주가 팽창하는데도 불구하고 팽창하는 만큼 진공이 더 생겨나고, 그 진공에서 진공 에너지가 나오기 때문에 밀도를 측정하면 항상 일정하다. 이처럼 우주 각 성분의 상태방정식을 알게 되면, 시간에 따라 각 성분의 밀도가 어떻게 변하는지를 제대로 이해할 수 있다.

앞서 이상하게 생긴 등고선 결과에 따르면, 암흑에너지의 w가 −1이 아니라 −0.9여야 한다고 했다. 따라서 이 값을 위 식에 넣어보면, 암흑에너지에 해당하는 밀도가 R에 대한 의존성이 아예 없는 게 아니고 $\rho = \rho_0 / R^{0.3}$가 되어서, R의 0.3승에 반비례하는 식이 된다. 즉, 암흑에너지의 밀도가 우주상수와 달리 우주가 커짐에 따라, 또는 시간이 증가함에 따라 조금씩 줄어들어야 한다는 새로운 사실을 얻게 된 것이다! 이것은 현재 우주론의 표준 모형인 ΛCDM에서 시간에 따라 변하지 않는 우주상수를 암흑에너지로 생각했을 때와 다른 것으로, 표준우주모형이 바뀌어야 한다는 중요한 사실을 암시하고 있다.

그러면 암흑에너지의 밀도는 대체 왜 변해야 하는가? 그 이유는 아직 모른다. 핵심은 암흑에너지라는 게 우주상수가 아니라는 것이다. 그리고 아직 정체를 알 수 없는 제5원소 때문에 시간에 따라서 밀도가 달라져야 한다는 것이다. 이것이 새로운 발견이고, 이 새로운 발견이 맞는지 틀리는지를 현재 열심히 검증하고 있다.

암흑에너지에 관한 연구를 다시 정리해보자. 암흑물질과 암흑에너지까지 포함해 설명할 수 있는 현대 우주론의 표준 모형은 우주상수 Λ와 차가운 암흑물질을 활용한 ΛCDM 모형이다. 그러나 최신 연구를 통해 우리는 ΛCDM 모형의 한계를 발견했다. 우주상수 Λ 대신 암흑에너지 상태방정식의 계수인 w를 활용한 모형으로 바뀌어야 한다는 것이다. 그래서 현재는 ΛCDM 모형 대신 좀 더 일반적인 wCDM 모형이 주목받기 시작하는 추세다. 또 한 가지 중요한 것은 이 최신 우주론 연구를 바로 대한민국에서 주도하고 있다는 사실이다. 자부심을 가질 만하다.

Q 묻고

A 답하기

암흑 우주의 존재 필요성 여부를 판단하는 기준으로는 어떤 것들이 있나?

눈에 보이는 것, 수소나 별을 가지고 우주를 규명할 수 있으면 좋으련만, 우주를 관측하다 보면 암흑에너지와 암흑물질, 이런 것들이 없으면 설명하지 못하는 현상들을 많이 보게 된다.

암흑물질 같은 경우는 앞서 언급했듯이 은하의 회전 곡선이나, 중력렌즈 등 눈에 보이지 않는 물질이 필요한 상황이 많이 있었다. 또 다른 예로는 우주배경복사의 온도 차가 있다. 앞서 이 온도 차가 0.00001도라고 했다. 그런데 눈에 보이는 물질만 가지고는 이 온도 차이, 즉 밀도 차가 너무 작아서, 별을 만들고 은하를 만들어서 현재 우리 생명체가 존재하도록 하기에는 우주 나이가 너무 부족하다. 힘, 중력이 약한 것이다. 따라서 암흑물질이 있어야 그 중력으로 빠른 시간 안에 물질을 모아서, 거기서부터 은하와 별을 만들 수 있다.

암흑에너지도 우주의 가속 팽창을 가장 자연스럽게 설명하는 방법이기 때문에 그 도입이 필요한 상황이다. 실제로 관측을 통해서 은하들이 퍼져 있는 양상을 보면 거미줄과 같은데, 암흑물질과 암흑에너지양을 둘 다 0으로 놓으면 그 거미줄과 같은 구조를 제대로 설명할 수 없다. 이처럼 다양한 관측 사실을 설명하기 위해서는 암흑물질과 암흑에너지가 반드시 필요하다. 그러나 문제는 아직까지 두 가지 성분이 정말 존재한다는 직접적인 증거가 없다는 것이다.

암흑에너지와 관련된 가장 최신의 연구를 우리나라가 진행하고 있다고 했는데, 이 연구를 앞으로도 주도적으로 진행하게 될 경우 얻을 수 있는 이점은 무엇이 있을까? 다른 분야의 연구로까지 확장할 수 있을까?

가장 중요한 것은 세계적인 연구 성과다. 앞서 언급했듯이 우리가 기초과학, 그중에서도 천문학을 연구하는 가장 중요한 원동력 중 하나는 우리 우주와 인간의 기원에 대해 알고 싶기 때문이다. 암흑에너지를 이해한다는 것은 결국엔 우주에서 가장 많은 70퍼센트나 되는 성분에 대한 본질을 이해한다는 것이고, 결국엔 우주의 기원과 그 진화 양상을 제대로 알 수 있다는 것이다. 이런 중요한 연구를 우리나라 학자들이 주도하고 있으니 이보다 더 좋은 일이 있을까?

물론 현실적인 측면도 고려할 수 있다. 암흑에너지는 앞서 언급한 진공 에너지를 포함해서 물리학에서 이해하지 못하고 있는 성분이다 보니, 그 정체를 파악하면 자연스럽게 진공에 대한 이해도 같이 이루어질 것이다. 또한 암흑에너지의 정체를 파악하는 데 중요한 것 중 하나가 바로 은하의 분광 탐사를 통해서 우주의 3차원 지도를 만드는 일이다. 우주 지도 제작의 과학적 필요성에 대해서 앞서 이야기했는데, 이 지도를 제작하기 위해서는 좋은 망원경과 기기가 필요하다. 이 망원경과 기기를 잘 만들기 위해서는 제임스웹망원경의 예에서 본 것처럼 전자공학, 기계공학 등 최첨단 공학 기술의 뒷받침이 필수적이다. 천문학을 가장 오래된 학문이자 최첨단의 학문이라고 한 것처럼, 암흑에너지의 본질을 이해하는 노력에는 공학 발전도 함께할 수밖에 없으며, 우리나라의 공학 수준을 생각하면 충분히 잘할 수 있다.

4부

우주의
재발견,

암흑을
두려워하지
않는

마음
으로

우리는 이 넓은 우주에서 '창백한 푸른 점'에 살고 있다. 그런데 이토록 미약한 인간이 거대한 밤하늘을 즐길 수도 있고, 거대한 우주를 상상할 수도 있다. "광활한 우주에 떠 있는 보잘것없는 존재"가 이 거대한 우주를 품을 수 있다니, 실로 인간의 힘은 위대하지 않은가.

우주 인플레이션,
우주 최초의 순간을 묻다

우주의 역사가 시작된 최초 3분

기억을 되살리며 우주의 역사를 다시 간략하게 살펴보자. 우주는 138억 년 전 빅뱅이라는 대폭발로부터 무한한 크기로 생겨나서 영원히 팽창 중이다. 초기 우주 안에는 쿼크로부터 시작해서 양성자, 전자, 광자, 암흑물질 등 우리가 아는 기본입자들이 담겨 있고, 큰 규모에서 봤을 때 이 물질들은 균질하게 골고루 퍼져 있지만 아주 작은 규모에서는 그렇지 않았다. 작은 규모, 즉 양자의 세계에서는 밀도 요동이라는 현상 때문에 중력의 비등방성이 생겼고, 물질들이 뭉치면서 천체들이 성장하게 되었다. 앞서 언급한 대로 진공상태에서도 물질과 반물질은 지속적으로 생성과

소멸을 반복하고 있다. 이것은 양자역학의 불확정성원리로부터 생겨난 것인데, 공간의 한 점에서 에너지양이 일시적으로 변하는 것을 의미한다. 이런 양자 요동에 의해서 물질 분포가 불균질해지는 것이 바로 밀도 요동이고, 이게 바로 별과 은하가 될 씨앗이다.

그다음으로 우주 온도 측정을 통해 빅뱅을 검증했다. 이때 등장한 주요 인물이 프린스턴대학교의 로버트 디키다. 여기에도 재미있는 에피소드가 있다. 디키가 한창 연구에 몰두했을 당시, 그는 제자인 어느 대학원생에게 우주가 현재 몇 도인지 계산해볼 것을 지시했는데, 그 대학원생이 바로 앞 절에서 언급한 2019년 노벨물리학상의 주인공인 피블스였다. 우주의 온도 계산을 처음 시작했던 그 대학원생이 이후 프린스턴대 물리학과 교수가 되어 노벨상까지 수상한 것이다.

어쨌든 이 디키의 연구팀이 빅뱅 이후 우주가 팽창하면서 서서히 식어갔고, 그래서 현재 우주의 온도는 섭씨로 영하 270도라는 것을 계산해냈다(놀랍게도 이 계산은 원래 십여 년 전인 1948년 앨퍼Alpher와 허먼Herman이 먼저 해냈는데, 다들 잊고 있었다). 고온, 고밀도의 상태였던 초기 우주가 팽창하면서 점점 식은 것이다. 물론 이 빅뱅의 순간은 아무도 모른다. 천문학자들도 관측으로 증명할 길이 없다 보니 그 순간을 설명할 수 없다. 그래도 빅뱅이 있었기에 뭔가가 생겨났고, 양성자와 전자가 탄생했다는 사실만은 분명하다.

아주 뜨겁고 에너지가 높은 초기 우주의 모습을 더 자세히 상상해보자. '통일장이론$^{\text{Unified field theory}}$'이라는 것을 들어본 적 있는가? 우리 자연계에는 기본적으로 중력, 전자기력, 약력, 강력, 이렇게 네 가지 힘이 존재한다. 현재 우주에는 이 힘들이 다 분리되어 있지만, 온도와 에너지가 아주 높은 상태에서는 이 네 가지 힘이 하나로 통합될 수 있다는 것이 통일장이론이다. 그리고 우리는 이 '온도와 에너지가 아주 높은 상태'를 알고 있다. 바로 초기 우주다. 그래서 과학자들은 초기 우주에는 모든 힘이 합쳐져 있다가, 시간이 지나 특정 시점에서 네 가지로 분리된 것이 아닐까 추측한다.

우주 초기에는 시간에 따라 빛이 입자와 반입자로 쪼개지기도 하고 그것들이 다시 합쳐지면서 빛, 광자가 되는 등 복잡한 일이 벌어졌을 것이다. 우주 초기에 벌어진 일을 재현하기 위해서 이용하는 게 바로 입자가속기다. 이것은 입자와 입자를 빠르게 돌린 다음에 충돌시키는 장치로, 입자가 빠르게 돈다는 것은 그만큼 엄청나게 큰 에너지를 갖고 있다는 뜻이다. 우주 초기, 한창 뜨거웠을 때 입자와 입자가 대단히 빠른 속도로 움직이면서 벌어진 일들, 그때의 상황을 추정하기 위해 입자가속기로 그것을 재현해보는 것이다.

빅뱅 직후, 우주 초기에도 가장 간단한 원소부터 만들어졌을 것이다. 그리고 계속 충돌하면서 점점 복잡한 원소가 만들어진다. 화학 시간에 배운 주기율표를 생각해보면, 가장 간단한 구조의 원자가 수소이고, 그다음은 헬륨이다. 이어서 다음 원자가 이어진다. 즉, 우주에서 가장 먼저 탄생한 원자는 수소와 헬륨이라고 생각할 수 있다. 수소와 헬륨 같은 가벼운 원소가 우주 초기에 만들어지는 상황을 기술한 책이 스티븐 와인버그$^{\text{Steven Weinberg}}$가 쓴 『최초의 3분』이다.

벌써 고전이 되어버린 이 책은 마치 영화 장면처럼 최초의 3분을 단계별로 명확하게 정리해 놓았다. 빅뱅 직후, 우주의 기본입자들이 우여곡절 끝에 생겨나면서 3분쯤 되었을 때 비로소 수소와 헬륨 같이 가장 간단한 원자핵이 우주에 등장하는 과정을 묘사하고 있다. 그리고 이 책에 영감을 받아서 출간된 책이 폴 데이비스Paul Davies의 『마지막 3분』이다. 이 책은 우주의 마지막 미래, 운명에 관한 내용을 담고 있다.

대폭발 우주론은 완전하지 않으니

우리는 빅뱅이 일어난 그 순간을 정확히 알 수 없지만 여러 증거로 빅뱅 유무를 추론할 수 있다는 이야기도 앞서 나누었다. 하나씩 떠올려보자. 첫 번째 증거는 우주배경복사다. 빅뱅의 순간 온 우주에 퍼져 있는 뜨거운 열이 여전히 우주에 남아 있고, 이 열이 지금까지도 우주배경복사로 관측된다.

또 다른 증거는 현재 우주에 존재하는 수소와 헬륨의 비율이다. 실제 관측 결과, 수소와 헬륨 비율은 대략 3 대 1이다. 질량비로 따졌을 때 수소가 75퍼센트를 차지하고 헬륨이 25퍼센트 정도를 차지한다는 말이다. 이는 빅뱅 이론으로 계산한 수소와 헬륨의 질량비와 일치하는데, 이것으로 다음과 같이 생각해볼 수 있다(이 내용도 고등학교 교과서에 나와 있다). 우주 초기에 양성자와 중성자가 같은 개수만큼 있었고 서로 변환되는 과정에서, 우주가 식으면서 중성자가 만들어지는 것보다 양성자로 붕괴하는 개수가 더 늘어나게 되었다. 이로써 양성자와 중성자의 개수비가 처음엔 1 대 1이었던 게 7 대 1이 된다. 우주가 더 식어가면서 중성자 두 개와 양성자 두 개가 결합해서 헬륨핵 한 개를 만드는데, 양성자와 중성자의 개수비가 7 대 1(또는 14 대 2)이기 때문에, 헬륨핵 한 개가 생겨날 때마다 12개의 수소가 생긴다. 따라서 수소와 헬륨의 질량비(양성자와 중성자의 질량은 거의 같다고 할 수 있다)는 12 대 4 또는 3 대 1이 된다. 이렇게 이론의 예측과 실제 관측이 일치하는 결과는 이론에 신빙성을 더해준다.

이처럼 관측과 잘 맞는 빅뱅 우주론은 교과서에도 기술되어 있지만, 사실 이것이 처음부터 완벽한 이론은 아니었다. 1970년대까지만 해도 여전히 풀지 못한 숙제가 남아 있었으니, 첫 번째로 평탄성 문제가 그것이었다.

앞서 우주의 곡률에 세 가지 가능성이 있다고 했다. 평탄한 우주, 닫힌 우주, 그리고 열린 우주다. 이 중에서 현재 우리 우주는 평탄한 우주인데, 우주 밀도 변수 Ω가 1이기 때문이다. 여기서 자연스럽게 의문이 생긴다. Ω는 어떻게 정확히 1의 값을 가지게 되었을까? 조금 큰 1.1이 될 수도 있고, 조금 작은 0.9가 될 수도 있었을 것이다. 무엇이 Ω의 값을 정확히 1로, 꼭 누군가 기획한 것처럼 임계밀도에 가깝게 만들었는지에 대한 설명이 필요하다. 하지만 그 근거가 없었다. 이 문제를 어떻게 해결할 수 있을까?

또 다른 문제는 지평선 문제였다. 우주에서 멀리 떨어져 있어서 연관성이 전혀 없어 보이는 두 장소의 관측값이 사실상 거의 유사한 이유를 묻는 것이다. 우주의 온도를 떠올려보자. 하늘에서 멀리 떨어진 두 장소에서 온도를 쟀더니, 한 곳은 조금 뜨겁고 한 곳은 조금 차가운데 그 차이가 고작 0.00001도밖에 되지 않았다. 이들 두 곳은 너무 멀리 떨어져 있어서 서로 영향을 주고받을 수 없다(엄밀히는 초기 우주에서 서로의 지평선 너머에 있었다고 할 수 있다). 우주가 너무 넓어서 두 곳이 멀리 떨어져 있었다면, 한쪽은 영하 270도로 아주 차갑고, 다른 쪽은 영상 270도쯤으로 펄펄 끓고 있는 것이 더 자연스럽지 않을까? 그런데 어떻게 약속이나 한 것처럼 온도가 영하 270도로 비슷할 수 있을까? 혹시 이 두 장소는 이전에 만난 적이 있지 않을까?

문제 해결사 '인플레이션'

앞서 1970년대에 미해결된 문제들은 바로 급팽창, 즉 인플레이션inflation으로 해결할 수 있었다. 인플레이션은 경제학에도 등장하는 용어로 물가 상승에 관련된 용어인데, 이것을 천문학에서도 사용한다. 이 인플레이션이 대폭발 우주론의 두 가지 문제를 해결하는 데 결정적인 역할을 했다.

먼저 평탄성 문제부터 살펴보자. 지금 우리 앞에 쭈글쭈글한 풍선이 있다고 생각해보자. 풍선 위에는 작은 개미 한 마리가 서 있다. 그런데 무엇인가가 갑자기 이 풍선을 훅 부는 바람에 풍선이 커져버렸다. 이 풍선은 엄청나게 커지는 풍선이라서 최대로 커진 풍선 표면에 선 개미는 자기가 서 있는 풍선 표면 근처를 거의 휘어지지 않은 평탄한 표면으로 인지할 것이다. 즉, 인플레이션이 일어나는 동안 휘어진 시공간의 곡률이 자연스럽게 0으로 수렴하는 것이다. 이제 개미는 엄청나게 큰 풍선 때문에 자기가 살고 있는 주변의 공간이 평탄하다고 느낄 것이다.

다음으로 지평선 문제를 보자. 왜 머나먼 우주에 존재하는 두 지점 온도가 비슷한지도 인플레이션으로 설명할 수 있다. 인플레이션 이전의 우주는 몹시 작아서 두 지점이 매우 가까웠고, 서로 교류가 가능했기 때문에 온도가 비슷했다. 그러다가 우주가 풍선처럼 급격히 팽창해서 두 지점 사이가 엄청나게 멀어진 것이다. 우리는 두 장소가 멀리 떨어진 후에야 관측했기 때문에 두 지점이 상관없이 떨어진 먼 곳이라고 생각했지만, 사실 이 두 지점은 우주 초기에 매우 가까운 곳에 위치해서 서로를 잘 알고 있었다는 것이다. 다만 우주가 갑자기 커지는 바람에 순식간에 너무 멀어진 것이다.

정리하자면 인플레이션이 끝난 이후 두 지점은 정보를 주고받을 수 없을 정도로 서로 멀리 떨어져 있게 되었으나, 인플레이션 이전에 있었던 상호작용으로 비슷한 밀도와 온도를 가질 수 있었다.

마지막으로 자기 홀극magnetic monopole이라는 문제도 있었다. 우리가 아는 자석에는 N극과 S극이 같이 있기 마련이다. 그런데 통일장이론에서는 자발적인 대칭성 붕괴의 결과로 N극이나 S극이 홀로 존재하는 자기 홀극이 생길 것으로 예측한다. 그러나 이것은 우리가 보는 것과 다르다. 이 차이를 자기 홀극 문제라 하는데, 이 기묘한 문제도 인플레이션으로 해결이 가능하다. 간단히 설명하면, 인플레이션

전에 생긴 자기 홀극들이 우주의 급팽창으로 현재 관측 가능한 우주에서 검출하지 못할 만큼 그 밀도가 매우 작아졌다는 것이다. 현재 우주에서 자기 홀극을 볼 수 없는 이유에 대한 놀랍도록 쉽고 간단한 설명이다.

이처럼 빅뱅에서 출발하는 우주 모형에 인플레이션을 도입함으로써 여러 가지 문제가 해결되었다. 우주 인플레이션도 이제 표준우주모형의 일부가 된 것이다. 하지만 빅뱅과 마찬가지로, 아무도 급팽창을 본 적이 없다는 것이 문제다. 우주가 갑자기 팽창한 것을 지켜본 사람은 사실상 아무도 없고, 그것이 있었다는 직접적인 증거를 보여준 사람도 아직 없다.

그런데 2014년 3월, 미국 하버드-스미소니언 천체물리학연구센터에서 우주 인플레이션에 대한 관측적 검증에 성공했다는 발표가 있었다. 우주배경복사의 편광 정보를 분석해서 인플레이션이 있었다는 것을 밝혔다는 것이다. 대폭발 직후 극히 짧은 순간에 우주가 빛보다 더 빠른 속도로 팽창하면서 지금과 같이 평탄하고 균일한 우주가 형성되었다는 '인플레이션 이론'이 실험으로 증명되었다면서 모든 언론이 이를 보도했다.

당시 인플레이션 이론과 관련된 학자들이 서로 축하하며 샴페인을 들고 기뻐하는 동영상이 이곳저곳에 퍼졌는데, 안타깝게도 이는 해프닝으로 끝이 났다. 잘못된 신호를 급팽창의 증거로 오인해서 벌어진 해프닝이다. 기자회견이 있던 당시 나는 같은 연구소에 있었는데, 바로 옆방에서 그 소식을 듣고는 상당히 흥분했던 기억이 있다. 그러나 결국 너무도 성급한 발표가 되고 말았다.

인플레이션의 관측적 증거를 밝히기 위해서는 우주배경복사의 편광을 관측해야 한다. 우주배경복사와 같은 빛 또는 전자기파는 전기장과 자기장이 진동하면서 전파되는 일종의 파동이라고 생각할 수 있다. 이때 편광이란 전자기파의 전기장 진동 방향이 일정하거나 회전하는 현상을 의미한다. 한편 우주가 급격히 팽창하는 동안 급격한 시공간의 변화로 인해 중력파가 생겨날 것으로 기대한다(이것을 원시 중력파라고 부른다). 이러한 중력파는 우주배경복사와의 상호작용을 통해 그 복사의 편광에 특정한 형태를 남기게 된다. 특별히 B-모드 B-mode라 불리는 비회전성 편광 특성이 원시 중력파의 강력한 증거로 여겨진다. 그래서 이 B-모드 편광을 관측하면 인플레이션을 검증할 수 있게 된다.

그렇다면 우주배경복사를 관측하기에 가장 좋은 곳은 어디일까? 이 말은 어디에 천문대가 있으면 좋을까와 비슷한 질문이다. 천문대가 위치하기 가장 좋은 곳은 당연히 대도시와 멀리 떨어진 곳이며, 그중에서도 남극이 가장 좋다.

남극은 몇 개월 동안 밤이 지속되는 곳으로, 사람도 없고 매우 건조해서 관측 지점으로서 최상의 조건을 갖추었다. 실제로 남극에서 우주배경복사의 편광을 관측하는 연구팀이 있는데, 거기에 우리나라 과학자도 참여했다. 그 이야기를 기록한 『남극점에서 본 우주』는 앞서도 언급했다.

이제 이번 절에서 이야기한 빅뱅 이후 우주에서 벌어진 사건을 정리해보자. 우주 탄생 직후 10^{-32}초에서 10^{-12}초 사이에 우주가 급팽창해, 이 시기 우주의 크기가 약 10^{50}배 커진다. 그리고 10^{-12}초에서 10^{-6}초 사이에 쿼크와 전자 등 기본입자가 생성된다. 10^{-6}초에서 1초 사이에는 쿼크가 결합해 양성자와 중성자가 생성된다.

그리고 3분이 될 때까지, 양성자와 중성자가 결합해 헬륨 원자핵이 생성된다. 이후 38만 년이 지나는 동안 우주 온도가 절대온도로 약 3000K까지 떨어지면서, 원자핵과 전자가 결합해 원자가 형성된다. 그리고 원자가 생성되면서 빛이 전자의 방해를 받지 않고 직진할 수 있게 되어 우주배경복사가 방출되었으며, 방출 당시 온도 3000K에 해당하는 흑체복사가 온 우주에 퍼진다. 이후 우주가 팽창하면서 배경복사의 파장이 점점 늘어나며 현재는 약 3K에 해당하는 흑체복사로 우주배경복사가 관측된다.

우주를 연구하는
단 하나의 이유,
인간이라는 존재

지킬 만한 가치가 있는 나라로 만드는 힘

이렇게 지금까지 우주의 역사를 훑어보았다. 그렇다면 우리 인류는 도대체 왜 우주 역사에 관심을 가져야 하는 걸까?

대전에 가면 천문우주과학 분야의 정부출연 연구기관으로 한국천문연구원Korea Astronomy and Space Science Institute, KASI이 있다. 이 천문연구원 정문에 서 있는 비석에는 '우리는 우주에 대한 근원적 의문에 과학으로 답한다'라는 글귀가 쓰여 있다.

결국 우리도 다시 가장 첫 질문으로 돌아가게 된다. 이 비석은 '나는 누구인가, 나는 어디서 왔는가, 이 우주는 어디에서 왔는가'를 묻는 철학적 질문에 과학으로 답하는 게 천문학자의 역할이라는 것을 알려준다.

천문학의 중요성과 관련된 에피소드를 하나 살펴보자. 지금으로부터 100여 년 전 아인슈타인이 중력파gravitational waves라는 것을 예측했다. 중력파는 중력이 센 어떤 천체에서든 나올 수 있는데, 가장 좋은 후보가 바로 블랙홀이다. 기본적으로 블랙홀 주변은 시공간이 휘어지는데, 블랙홀과 블랙홀이 서로 합쳐지는 순간에는 휘어진 시공간이 더더욱 복잡하게 꼬이게 된다. 그래서 이 두 블랙홀이 최종적으로 합쳐지는 순간, 뒤엉킨 시공간의 흐름이 파동처럼 우주 속으로 퍼진다. 지구에서 그 시공간의 출렁임을 관측한 게 바로 중력파다.

중력파는 아인슈타인의 일반상대성이론에 의하면 그 존재가 자연스럽게 예상되는 것으로, 그로부터 100년 후에 아인슈타인의 이론이 맞다는 것이 증명되었다. 레이저간섭중력파관측소Laser Interferometer Gravitational-Wave Observatory, 줄여서 라이고LIGO라고 하는 관측소를 미국 매사추세츠공과대학교와 캘리포니아공과대학교가 공동으로 건설했다. 중력파 검출을 목적으로 세워진 라이고는 아인슈타인이 예측한 중력파의 존재를 직접 확인하는 데 아주 큰 공을 세웠다. 2007년에 완공된 이 라이고를 만드는 데 약 1조 원이 들었다고 한다. 그해 우리나라 전체 예산이 대략 100조였으니, 우리나라 예산의 100분의 1을 중력파 검출기 건립에 쓴 것이다.

그런데 그토록 막대한 돈을 쏟아부을 만큼 중력파 관측이 가치 있는 일일까? 미국 일리노이주 시카고에 있는 국립 가속기연구소인 페르미연구소$^{Fermi\ National\ Accelerator\ Laboratory}$는 1967년 완공된 후 매년 4000억 원의 예산을 집행했던 연구소다. 따라서 미국 정부 차원에서도 이 연구소의 집행 내역을 감사하곤 했으며, 우리나라 물리학자 이휘소 박사가 이 연구소에서 100명이 넘는 입자물리학 연구팀을 이끌기도 했다.

잠시 다른 이야기를 하자면, 이휘소 박사는 『무궁화꽃이 피었습니다』라는 소설에도 등장한, 우리나라가 배출한 대단한 물리학자다. 우리나라 과학계에서 노벨상 후보로 가장 유력한 분이었는데 안타깝게도 너무 일찍 돌아가셨다. 『이휘소 평전』에서 그의 생애를 돌아볼 수 있다.

아무튼 페르미연구소는 국가 예산이 많이 들어가는 곳

이라 1969년, 연구소 설립 관련해 국회에서 초대 연구소장이 출석해서 질의에 응답하는 일이 있었다. 이때 상원의원 존 파스토레 John Pastore 와 당시 연구소장이었던 로버트 윌슨의 대담을 잠시 소개하겠다.

> 파스토레: 대체 이렇게 돈을 많이 쓰는데, 이 가속기가 국가 안보에 어떤 식으로든 관계될 희망이 있습니까?
> 윌슨: 아니요, 그렇지 않을 겁니다.
> 파스토레: 전혀 아닙니까?
> 윌슨: 전혀 아닙니다.
> 파스토레: 그런 관점에서 전혀 가치가 없습니까?
> 윌슨: 저희가 생각하는 다른 관점에서만 가치가 있습니다. 인간의 존엄, 문화에 관한 사랑, 그런 것들과 연관되어야 합니다. 군사적인 면과는 관련이 없습니다. 죄송합니다.

당시는 소련과 경쟁하는 냉전 시기였음에도 국비 연구소가 군사적인 면과 관련이 없다고 대답하는 것은 의외가 아닐 수 없다. 그래서 죄송하다고 한 것인데, 이에 대해 파스토레는 미안해할 일은 아니라고 대답했다. 두 사람의 대담은 계속 이어졌다.

윌슨: 알겠습니다. 아무튼 솔직히 말해서 그렇게 (군사적으로) 응용될 수는 없습니다.
파스토레: 그러면 이 프로젝트가 소련과 경쟁 관계에 있는 우리에게 무언가 제시하는 바는 없습니까?
윌슨: 오직 장기적인 관점의 기술 발전에서만 그렇습니다. 그 외에 가속기는 이런 것들과 관련이 있습니다. 좋은 화가인가, 좋은 조각가인가, 훌륭한 시인인가와 같은 것들, 즉 이 나라에서 우리가 진정 존중하고 명예롭게 여기는 것들, 또 그로 인해 나라를 사랑하게 하는 것들을 말씀드리는 겁니다. 그런 의미에서, 이 새로운 지식은 전적으로 국가의 명예와 관련이 있습니다.

윌슨은 가속기가 흔히 말하는 문화와 연관 있음을 언급한다. 과학의 문화유산을 남기는 데 큰 역할을 할 것이라는 말이다. 그리고 다음과 같은 말로 마무리 지으면서 의회 감사를 무사히 넘긴다.

윌슨: 이것은 우리나라를 지키는 일과 관련이 있는 게 아니라, 이 나라가 지킬 만한 가치가 있도록 만드는 것과 관련이 있습니다.

나도 같은 과학자로써 이 이야기를 떠올릴 때마다 가슴이 벅차오른다. 과학이라는 게 꼭 그렇게 거창한 게 아니라고 하더라도, 이 이야기는 우리나라에서 정치를 하는 분들에게 꼭 들려드리고 싶다. 문화 강국이라고 자부하는 우리나라에서 기초과학을 바라보는 시선을 어떻게 가지면 좋을지 한번 생각해보면 좋겠다.

생활 속의 천문학

이렇듯 기초과학이라는 것은 우리나라를 직접적으로 지키는 일과 관련된 게 아니라 우리나라가 정말 지킬 만한 가치가 있는 나라인지와 관련이 있다. 그래서 기초과학이 정말 중요하다.

그럼에도 불구하고 여전히 일반 사람들은 기초과학이, 또 천문학이 대체 우리 일상과 무슨 관련이 있는지 궁금해한다. 그래서 국제천문연맹^{IAU}에서 홍보용으로 책까지 만들었다. 『의학에서 Wi-Fi까지』이라는 책이다.

우리가 항상 쓰는 와이파이도 전파천문학자가 블랙홀을 연구하면서 개발되었고, 의학에서 사용하는 MRI 촬영에도 전파천문학 기법이 적용되었다. 지구의 기후를 이해하고 대기오염을 측정하는 데도 천문학은 사용된다. 천문학은 빅데이터 시대의 새로운 연구 방식과 시민 참여형 과학을 선도하는 계산과학에도 활용되며, GPS에서 쓰는 세상에서 가장 완벽한 시계도 천문학 덕분이다. 오늘날 정확한 시간은 원자 전이 주파수를 이용하는 고정밀 원자시계로 정해지는데, 전 세계의 원자시계를 결합하는 업무는 지구의 자전에 기반한 세계시를 기준으로 한다. 따라서 정밀한 지구 자전 관측이 필요한데, 천문학에서 퀘이사 같이 멀리 떨어진 강력한 전파원을 이용해서 지구 자전을 아주 정확하게 측정해서 사용한다. 이처럼 알게 모르게 실생활에서 천문학 기술들이 많이 활용되고 있다.

그 외에 천문학 기술의 실용적인 예 중에서 가장 쉽게 와닿는 것은 스마트폰일 것이다. 디지털카메라에 들어가는 칩을 CCD^{charge-coupled device} 또는 CMOS^{Complementary Metal Oxide Semiconductor}라고 하는데, 이것은 천문 영상 촬영을 위한

CCD가 휴대전화와 디지털카메라에 적용된 것이다.

세계에서 사진을 제일 많이 찍는 사람이 누구일까? 바로 천문학자다. 밤마다 하늘의 사진을 찍지 않는가. 그래서 처음 사진기가 개발되었을 때도 필름을 제일 많이 썼고, 디지털카메라 CCD가 처음 개발되었을 때도 천문학자들이 CCD를 엄청나게 많이 사용했다. 천문학자들이 CCD를 처음 개발한 건 아니지만 사용량이 어마어마했기 때문에 CCD 기술이 보편화되어 현재 여러분 휴대전화에까지 장착된 것이다.

현재 우리가 사용하는 휴대전화 가격이 대략 100만 원 정도인데, 천문학자들이 쓰는 CCD 비용은 대략 수억에서 수십억 원이 넘을 경우도 있다. 이것이 연구에 활용되고 있다.

1999년 노벨화학상 수상자 아메드 즈웨일$^{\text{Ahmed Zewail}}$은 "지식을 보존하는 건 쉽다. 지식을 전수하는 것도 쉽다. 그러나 새로운 지식을 만드는 것은 쉽지도 않을뿐더러 짧은 시간 안에 성과를 얻을 수도 없다. 기초연구는 긴 시간이 지나야 성과가 증명된다. 중요한 점은 그 과정에서 얻은 이 성과 진리가 모든 사회와 문화를 이전보다 풍요롭게 하는 원동력이 된다는 것이다"라고 말하기도 했다.

원칙적으로 기술과 과학은 조금 다른 영역이긴 하지만, 무엇보다 기초과학이 튼튼해야 우리 미래 자산이 튼튼해진다는 사실만큼은 이 책을 읽는 모두가 기억해주었으면 하는 바람이다.

천문학과 점성술은 엄연히 다르다

다음으로는 문화적인 측면에서 천문학에 접근해보도록 하자. 국립국어원의 정의에 따르면, 천문학은 '우주의 구조, 천체의 생성과 진화, 천체의 역학적 운동, 거리·광도·표면·온도·질량·나이 등 천체의 기본 물리량 따위를 전문적으로 연구하는 학문'이라고 되어 있다. 천문학天文學은 한자로 보면, 하늘 천, 글 문, 배울 학을 쓴다. 밤하늘의 문학이라 할 수 있겠다. 개인적으로 천문학은 이과적인 요소와 문과적인 요소가 아름답게 섞여 있는 학문이라 생각한다. 하지만 중요한 것은 천문학은 점성술과 다르다는 것이다.

영어로 천문학은 astronomy이고, 점성술은 astrology이다. 똑같이 앞에 'astro'가 있지만 점성술은 과학이 아니다. 과학은 재현 가능성, 검증 가능성을 갖는 학문인 반면, 점

1668년경 요하네스 페르메이르가 그린 〈천문학자〉

성술은 단지 하늘에서의 천체 위치가 인간 활동에 미치는 영향을 고려하는 신념일 뿐이다. 그러니 천문학자에게 점성술을 물어보는 건 예의가 아니다.

네덜란드 화가 요하네스 페르메이르$^{Johannes\ Vermeer}$가 그린 〈천문학자〉라는 그림에는 천구를 바라보는 천문학자의 모습이 담겨 있다. 창가에 앉아 천구의를 돌리는 천문학자의 모습이 사뭇 진지해 보인다.

그렇다면 우리나라에 천문학자는 몇 명이나 될까? 천문학 박사학위를 소유한 사람이 대략 500명 정도 된다. 우리나라 인구가 대략 5000만 명이니 그중 50만 분의 1명이 천문학자인 셈이다. 그래서 평소에 흔하게 접할 일은 없겠지만, 간혹 천문학자를 만나면 사람들이 반드시 물어보는 것이 있다. 천문학자를 만날 좋은 기회가 생겼으니 이 기회를 빌려 질문을 하는 것이다.

우선 첫 번째 질문은 '내일 날씨는 어떤가요?'이다. 예전에는 천문학과를 주로 천문기상학과라고 불렀다. 그래서 천문학을 공부한다고 하면 나이 많은 어른들은 천문기상학과를 생각하고 기상캐스터를 떠올린다. 천문기상학과 시절에는 졸업하고 소위 출세하는 루트 중 하나가 기상캐스터로서 TV에 출연하는 것이었다. MBC 기상캐스터로 오래 활약한 김동완 선생이 유명한데, 그분은 화이트보드에 그림을 그리면서 내일 날씨를 설명해주었다. 나는 시골에서 나고 자랐는데, 고향에 가면 어르신들이 내게 언제 9시 뉴스에 기상캐스터로 나오는지 묻곤 하셨다. 물론 지금은 천문기상학과가 아니라 물리천문학부나 천문우주학과라는 이름이 붙은 경우가 대부분이다. 아무튼 기상학과와는 이제 연관이 없으니, 천문학자에게 내일 날씨를 물어봐도 알 길이 없다.

이어지는 두 번째 질문은 외계인의 존재 유무에 관한 질문이다. 그런데 이 질문에 대해서는 스스로에게 먼저 한번 묻는 게 좋겠다. 『코스모스』로 세계에서 가장 유명한 천문학자 중 한 사람으로 손꼽히게 된 칼 세이건Carl Sagan은 외계인의 존재에 관한 질문에 '이 넓은 우주에 우리만 있다면 그것은 아마도 공간의 낭비일 것 같다'라고 대답했다. 동의한다. 나 역시 당연히 외계인이 있다고 생각한다.

앞의 두 가지 질문보다 구체적인 세 번째 질문은 이것이다. 천문학자들은 매일 밤 별을 볼까? 하지만 매일 밤 별을 본다면 아마도 쓰러지지 않을까? 잠을 자야 하니 말이다.

실제로 천문학자들은 천문대에 가서 1년에 일주일 정도 밤새워 관측하고, 평상시에는 아침에 연구실에 출근해서 저녁에 퇴근하면서 낮 동안 관측 자료를 분석하는 일상을 보낸다.

광활한 어둠을 탐험하는
작고 미약한 존재의 위대함

별처럼 찬란한 삶을 위해

별을 즐기는 방법이랄까, 밤하늘을 즐기는 방법에는 무엇이 있을까? 알퐁스 도데의 「별」이라는 소설을 아는가? 이 소설은 어느 순박한 목동의 젊은 날 사랑을 낭만적으로 묘사한 단편소설이다. 주인집 아가씨를 연모하는 목동의 마음이 밤하늘의 별 이야기에 투사되며 별과 인간의 서정이 아름답게 그려진 이런 문학작품을 통해서 우주의 서정을 느낄 수도 있다.

「별」은 내가 학교 다닐 때 교과서에 실린 작품으로 여전히 그 설레임이 생생하다. 이 목동처럼 밤하늘의 별을 보면서 행복해하는 사람들을 아마추어 천문학자라고 한다. 시간 날 때마다 망원경을 들고 야외로 나가서 별을 보고 감탄하는 사람들로, 진정으로 별에 빠진 사람들이라고 할 수 있다. 나 역시 한때는 아마추어 천문학자였다. 그렇다면 아마추어 천문학자와 프로 천문학자의 가장 큰 차이는 무엇일까? 아마추어 천문학자들은 별 보는 것이 취미인 사람들로, 별을 보고 예쁘다고 감탄만 해도 된다. 반면 프로 천문학자들은 별이 왜 예쁜지, 저 별은 왜 빨갛고 이 별은 왜 그런 모양인지 논문으로 작성해야 한다. 그래야 월급이 나온다.

프로 천문학자들은 보통 천문대에 가서 직접 망원경으로 별을 관찰하지 않고 천문대와 연결된 컴퓨터로 별을 본다. 관측실에 앉아서 컴퓨터로 망원경을 움직이고, CCD 카메라로 사진을 찍어서 밤하늘을 즐기는 셈이다.

흔히들 천문학자들이 하늘의 별에 대해 정통할 것이라 생각하는데, 실제로는 그렇지가 않다. 안타깝게도 천문학자들은 하늘에 떠 있는 별이 무슨 별인지 잘 모른다. 천문학자들은 천체를 좌표 또는 전화번호부처럼 기억할 뿐이다. 실제로 저 은하가 안드로메다은하인지, 저 별이 베텔게우스Betelgeuse인지, 저 별이 리겔Rigel인지 맨눈으로 밤하늘을 보고서는 잘 모른다. 이런 것들은 오히려 아마추어 천문학자들이 더 잘 안다.

별을 관측하는 것은 아주 괜찮은 취미다. 더 많은 사람이 밤하늘을 즐기는 다양한 방법을 연구하고 실천하길 바란다. 그런 일상을 보낸다면 어느 누구의 삶일지라도 별처럼 반짝반짝 찬란해지지 않을까.

밤하늘과 별에 관련된 멋진 예술 작품을 하나 더 소개해 보겠다. 반 고흐가 그린 유명한 그림 중 〈별이 빛나는 밤〉이라는 그림이 있다. 이 그림은 두 가지 버전이 있는데, 내가 가장 좋아하는 그림버전은 바로 상대적으로 덜 유명한 〈론강 너머의 별이 빛나는 밤〉이다. 이 그림은 별을 사랑하는 고흐의 마음이 잘 드러나는 그림이다. 고흐는 동생 테오에게 보내는 편지에서도 '왜 하늘에 빛나는 별들은 프랑스 지도 위의 검은 점들보다 다가가기 어려울까?'라며 별을 향한 사랑을 고백하기도 했다.

프랑스에 갈 기회가 있어 직접 고흐 그림의 배경이 되는 론강에 가보았지만, 고흐의 흔적을 찾기는 어려웠다. 당시 고흐가 어느 지점에서 그림을 그렸을지 찾아보았으나 고흐가 그림을 그렸을 때와 지금이 시기적으로 너무 차이가

1888년 빈센트 반 고흐가 그린 〈론강 너머의 별이 빛나는 밤〉

나서 그 모습을 알기 어려웠다.

가수 돈 매클레인Don Mclean은 고흐의 그림에 감동받아서 별이 빛나는 밤을 노래로 만들어 불렀다. 'Starry starry night'라는 가사로 시작하는 '빈센트Vincent'가 바로 그 노래다. 아름다운 밤하늘을 낭만적 예술로 풀어낸 유명한 사례다.

만 원짜리 지폐에는 천문학 상징이 가득?

천문학자들이 밤하늘을 제대로 즐기려면 무엇이 필요할까? 당연히 망원경이다. 조선 후기의 지도학자 김정호 선생이 백두산을 열일곱 번 오르락내리락하며 30년이 넘는 긴 세월에 걸쳐 '대동여지도大東輿地圖'를 완성했을 때, 무엇보다 튼튼한 체력이 필요했을 것이다. 하지만 현대 천문학자들에게 가장 절실한 것은 망원경이다.

망원경에는 다양한 종류가 있다. 일상에서 사용하는 작은 망원경부터 천문대에 있는 큰 망원경, 그리고 허블우주망원경까지 다양하다. 성능으로 보면 망원경은 크면 클수록 좋다. 양동이가 크면 클수록 빗물을 많이 모으는 것처럼 망원경이 크면 클수록 많은 광자를 모아서 어두운 천체까지 볼 수 있기에 그렇다. 아주 큰 망원경을 만들기 위해 전파간섭계라는 기술을 개발하기도 했다는 이야기는 1부에서 언급한 바 있다.

그렇다면 현존하는 가장 큰 망원경은 얼마나 큰 걸까? 세계 최대의 광학망원경은 미국 애리조나주 그레이엄산에 있는 거대 쌍안경으로, 각 거울의 지름은 8.4미터인데, 두 개를 합쳐서 11.8미터짜리 망원경의 성능을 낸다. 단일 망원경으로 가장 큰 것은 스페인 카나리아제도에 있는 지름 10.4미터짜리 GTC^{Gran Telescopio Canarias} 망원경이다. 우리 국토에 있는 대표적 광학망원경의 첫 주자는 소백산 국립공원 내 소백산 천문대에 있는 61센티미터짜리 망원경이다. 두 번째로는 보현산에 있는 1.8미터 망원경인데, 이것이 현재 우리나라 땅에 있는 가장 큰 망원경이다.

보현산 망원경은 우리가 쓰는 지폐에서도 볼 수 있다. 만 원짜리 지폐를 보면 앞면에 세종대왕 초상화가 있고 뒷면에는 천문학 상징이 인쇄되어 있다. 먼저 눈에 띄는 것은 여러 천체의 운행을 관측할 목적으로 세종 시대에 만들어진 '혼천의^{渾天儀}'이며, 혼천의 뒤에 배경으로 있는 것이 조선 태조 4년(1395)에 만든 천문도인 '천상열차분야지도^{天象列次分野之圖}'다.

이 천문도는 조선을 건국한 태조가 자신의 정통성을 드러내기 위해 돌에다 새긴 지도로서, 고구려 천문도에서 영감을 받아서 중국 천문도와는 다르게 만들었다. 밝은 별은 크게, 어두운 별은 작게 조각하는 등 다양한 디테일이 숨어 있다. 우리 민족이 조선시대 이전부터 빼어난 천문과학 지식을 보유했다는 증거이기도 한 이 지도는 현재 경복궁 옆

고궁박물관에 가면 볼 수 있다.

그리고 지폐 오른쪽 아래에 보이는 망원경이 보현산 천문대 망원경이다. 사실 지폐에 이런 상징을 넣는 나라가 많지 않다. 따라서 우리나라 지폐에 이와 같은 세 가지 천문학 상징이 들어 있다는 것은 천문학자로서 자부심을 가질 만한 사실이 아닐 수 없다.

우리나라 땅에 있는 가장 큰 망원경은 보현산 천문대 망원경이지만, 실제로 우리나라 '소유'의 가장 큰 망원경은 우리나라가 아닌 다른 곳에 있다. 바로 제미니 천문대다. 제미니 천문대는 국제 공동 운영 천문대로, 미국 하와이와 칠레에 지름 8.1미터에 달하는 대형 망원경을 두고 있다. 제미니gemini라는 말은 쌍둥이를 뜻한다. 이 제미니 망원경의 지분 7퍼센트를 우리나라가 갖고 있다. 즉 1년 365일 중에서 대략 25일 정도를 우리나라 천문학자가 자유롭게 이용할 수 있다는 말이다. 현재 제미니 천문대에 가면 태극기가 펄럭이는 모습을 볼 수 있다.

그래서 누군가 우리나라에서 제일 큰 망원경을 묻는다면, 주저 없이 자랑스럽게 8.1미터 망원경이라고 말해도 된다. 세계에서 제일 큰 망원경인 10미터짜리와 그다지 차이 나지 않는다.

심지어 현재 우리나라는 세계에서 제일 큰 망원경 건립에도 참여하고 있다. 초대형 지상 천체 망원경을 건설하는 국제 프로젝트에 한국천문연구원이 참여한 것으로, 이 망원경의 이름은 거대 마젤란 망원경이다. 거대 마젤란 망원경은 8.4미터급 반사판 일곱 개를 벌집 모양으로 배치해 직경 25미터의 거울 효과를 내는 망원경이다. 위치는 칠레의 라스 캄파나스 정상이며, 첫 관측은 2031년으로 예정되어 있다. 한국은 10퍼센트 정도의 지분을 갖고 참여하고 있다. 따라서 완공이 되면 우리나라 천문학자가 1년 중 한 달 정도를 마음껏 이용할 수 있을 것으로 기대한다.

결국 이 비용은 모두 국민의 세금으로 마련한 것이다. 그러니 자부심을 가져도 된다. 그리고 천문학자를 만날 기회가 있으면 천문학자들이 내 세금으로 무슨 연구를 하고 있는지 당당히 질문하길 바란다.

그런데 이렇게나 거대한 망원경으로는 무엇을 관측하면 좋을까? 망원경의 효용성을 높이는 문제는 천문학자를 비롯해 우리 모두가 함께 고민해야 할 문제다.

'창백한 푸른 점'을 찾아 떠난 망원경

우리나라에는 상당히 특별한 목적을 가진 망원경도 있다. 그중 하나가 케이엠티넷^{KMTNet}이라는 망원경으로, 이 망원경의 목적은 외계 행성 탐색이다. 지구가 아닌 다른 곳에 외계인이 살고 있지 않을지 궁금해하는 것은 더 이상 소설이나 상상의 영역이 아니다. 지금 천문학자들은 적극적으로 태양계 밖 외계인을 수색하는 중이다. 앞서 언급한 피블스가 2019년 노벨물리학상을 수상할 때 공동 수상한 인물이 바로 태양계와 비슷한 외계 행성계를 최초로 발견한 사람들이었다.

물론 아직 외계 생명의 존재를 찾지는 못했지만, 지구와 비슷한 행성이 있다는 것은 발견한 상태다. 한국천문연구원에서도 지구와 비슷한 외계 행성을 열심히 찾고 있다. 이때 사용하는 방법이 미시중력렌즈라는 것인데, 앞서 설명한 중력렌즈 효과를 이용한다. 예를 들어, 거리가 다른 두 개의 별이 있을 때, 우연히 앞쪽 별이 움직이다가 뒤쪽 별과 나란히 같은 시선 방향에 놓이는 경우가 생길 수 있다. 그러면 뒤쪽에 있는 별빛은 앞쪽 별의 질량에 의해 휘어진 시공간 때문에 중력렌즈 효과를 겪으면서 밝기가 밝아진다. 이에 뒤쪽 별의 밝기를 시간에 따라 추적해보면 일정한 밝기를 유지하다가 갑자기 증가하는 때를 찾을 수 있는데, 이것이 바로 미시중력렌즈 효과다. 그런데, 이때 앞쪽 별에 행성이 있다면 그 뒤쪽 별의 밝기가 변하는 양상이 행성이 없는 경우와 달라진다. 따라서, 별의 밝기가 변하는 양상을 분석해서 앞쪽 별에 행성이 있는지를 찾는 게 이 탐사의 원리다. 칠레, 남아프리카공화국, 호주에 각각 한 기씩 세 기의 망원경을 설치해서 24시간 연속 관측하는 중이다. 세 곳의 시차를 이용해서 하나의 천체를 24시간 내내 밤 시간 동안 관측할 수 있다는 장점이 있다.

3.4억 모자이크 CCD 카메라를 사용하는 케이엠티넷은 하늘 '가로 2도×세로 2도'의 막대한 영역을 볼 수 있어서 실제로 상당히 많은 외계 행성을 찾기도 했다. 그 결과, 국가 연구개발 우수 성과 100선에 선정되기도 했다. 휴대전화가 보통 1억 화소인 것을 생각하면 CCD 카메라가 네 장 들어 있는 케이엠티넷은 실로 엄청난 규모의 시스템이다.

1977년 9월 5일, 미항공우주국은 태양계 탐사를 목적으로 보이저 1호를 발사했다. 보이저 1호는 1979년에는 목성, 1980년에는 토성에 근접해서 지구로 많은 사진을 전송했다. 이때 미항공우주국의 고문으로 있던 천문학자가 바로 세계적 베스트셀러인 『코스모스』의 저자 칼 세이건이다.

당시 칼 세이건은 보이저 1호가 명왕성에 도달하자 카메라를 지구 쪽으로 돌려서 사진을 한번만 찍어볼 것을 제안했다. 이때 미항공우주국에서는 지구 쪽으로 카메라 렌즈를 돌리면 강력한 에너지를 내는 태양계를 바라보게 되므로 보이저 1호 카메라에 손상을 줄 수 있다는 이유로 반대 의사를 표명했다. 그러다가 1989년, 리처드 트룰리$^{\text{Richard Truly}}$가 미항공우주국 신임 국장이 되면서 분위기가 바뀐다. 그는 고민 끝에 칼 세이건의 말대로 해보자며 결단을 내린다.

그리하여 마침내 1990년 2월 14일, 보이저 1호는 지구를 향해 카메라를 돌렸다. 이로써 행성 사진만 찍어 보내던 보이저 1호가 지구를 향해 사진을 찍어 그것을 전송했다. 그렇게 해서 처음 보게 된 지구의 모습, 미항공우주국은 이 사진을 '창백한 푸른 점$^{\text{Pale Blue Dot}}$'이라고 명명했다.

태양계의 빨간 먼지 속에 아스라하게 빛나는 한 점이 바로 지구다. 이렇듯 멀리 우주에서 지구를 보면 지구는 점으

보이저 1호가 촬영한 〈창백한 푸른 점〉

로밖에 보이지 않는다. 만약 더 멀리서 찍게 되면 점조차 거의 보이지 않을 것이다.

우리는 이 넓은 우주에서, 이 조그마한 점에서 살고 있다. 지구상의 인간이 얼마나 작고 미약한 존재인지를 절실히 깨닫게 하는 사진이다.

칼 세이건은 이 사진에 감명받아 같은 제목의 책 『창백한 푸른 점』을 저술하는데, 이 책에서 그는 '지구는 광활한 우주에 떠 있는 보잘것없는 존재에 불과함을 사람들에게 가르쳐주고 싶었다'라고 했다.

그렇다. 우주는 너무나도 크고, 인간은 너무나도 작다. 그런데 그토록 미약한 존재인 인간이 거대한 밤하늘을 즐길 수도 있고, 거대한 우주를 상상할 수도 있다. 어쩌면 이것이 바로 우리 인간이 가진 위대한 힘이 아닐까? 그러니 암흑을 두려워하지 않는 마음으로 담대하게 나아가자. 각자의 인생 여정에서 나 자신의 위대함을 믿어보자.

Q 묻고 / 답하기 A

천문 관측할 때 수많은 별이 보일 텐데, 그 많은 별 중에서 새로운 별을 어떻게 찾아내는지 궁금하다. 또한 관측 시점에 따라 별의 위치가 달라질 텐데, 수많은 별의 위치 변화를 어떻게 추적하는지도 알고 싶다.

우리은하에는 별이 1000억 개가 있고, 우주에는 태양과 같은 별이 거의 무한하게 존재한다. 실제로 별들이 너무 많다 보니, 원칙적으로 천문학자들이 이름을 하나하나 고유명사처럼 붙일 필요가 없다. 다만 안드로메다은하나 리겔, 오리온 대성운 등은 평소에 잘 보이기 때문에 별이라고 하지 않고 이름을 붙인 것이다.

따라서 우주에는 이름 없는 별이 너무 많기 때문에 천문학자들이 새로운 별을 발견했다는 것에 통상 특별한 의미가 있는 건 아니다. 물론 때로 갑자기 폭발하는 초신성 등을 발견한 경우에는 이름을 붙이며, 새로운 천체의 발견으로 언급되기도 한다.

별들은 항상 움직이기 때문에 관측 시점에 따라 별의 위치가 달라지는 것은 맞다. 그러면 그것을 어떻게 아는가. CCTV를 생각하면 된다. 사진을 계속 찍어놓고 보면 별들이 움직이는 게 보인다. 그중에는 움직이지 않는 별도 있고 움직이는 별도 있어서 움직이지 않는 별들을 기준으로 다른 별들의 움직임을 관찰한다. 그러면 각 별의 움직임을 시간 순서로 영화처럼 만들 수 있다. 하늘의 별은 너무나 많지만, 지금은 그 모든 것을 컴퓨터로 구별해낼 수 있기 때문에 별들이 아무리 많아도 추적하는 데는 아무 문제가 없다.

천문 관측을 하며 가장 기억에 남는 일화가 궁금하다. 별을 관측하면서 어떤 생각을 하는가?

별을 관측하는 일은 항상 즐겁다. 특히 관측 도중에 천문대 건물 밖에서 맨눈으로 바라보는 밤하늘의 아름다움은 이루 말할 수 없다. 물론 프로 천문학자로서 천문 관측이 낭만만 가득한 건 아니긴 하다.

천문학 연구를 본격적으로 시작하던 대학원 시절, 세계에서 가장 크고 좋은 천문대 중 하나인 하와이 마우나케아에서 CFHT 4미터 망원경으로 관측을 할 기회가 있었다. 2003년 당시 우리나라에서 이 정도 큰 망원경을 쓸 기회가 별로 없었기에 한국천문연구원에서 큰돈을 들여서 국내 천문학자들에게 좋은 관측 기회를 제공한 것이었다. 하룻밤 사용료는 무려 3000만 원이었고, 이틀을 쓰기로 되어 있었다. 아직 천문학 관측을 잘 모르던 대학원생이라 몇 개월 동안 낑낑대면서 엄청난 스트레스와 싸우며 관측을 준비했다. 천문대가 해발고도 4200미터에 위치해 있어서 산소가 부족한 환경 속에서 머리는 계속 멍한 상태로 어찌어찌 관측을 마무리했다.

그리고 이후 당시 지도교수님께서 연구년을 보내시던 워싱턴 DC로 가서 자료 분석을 하고 결과를 얻어보니 관측을 엉망으로 했다는 사실을 알게 되었다. 이 결과를 지도교수님께 말씀드렸더니 교수님께서 "6000만 원을 날렸네…"라고 짧게 말씀하셨다.

또다시 극심한 스트레스에 시달리다가 우여곡절 끝에 관측 자료를 기사회생시켰고, 마침내 그 자료로 논문 두 편을 출판해서 해피엔딩으로 만들었던 일화가 있다. 돈이 전부는 아니지만, 초짜 대학원생이 주어진 기회를 안일하게 생각하고 준비한 건 아닌가 하는 반성하기도 했고, 진정 고생 끝에 낙이 온다는 단순한 진리를 깨닫는 계기도 되었다.

나가는 글
나와 우주를 잇는 찬란한 여정

우리는 이제 암흑물질과 암흑에너지가 우주의 대부분을 차지한다는 사실을 알게 되었다. 하지만 그 실체에 대해서는 여전히 많은 것이 미지로 남아 있다. 이 알 수 없는 영역은 바로 과학이 앞으로 나아가야 할 길이며, 우리가 함께 도전해야 할 과제다.

과학은 '답'을 찾는 학문이지만, 동시에 더 많은 '질문'을 던지게 만드는 학문이기도 하다. 특히 연구를 하면 할수록 답을 잘 찾는 것보다 질문을 잘 만들어내는 게 더 중요하다는 것을 느끼게 된다. 암흑물질과 암흑에너지를 더 깊이 탐구하는 과정에서 우리는 우리가 몰랐던 질문에 답을 찾고, 또 전혀 새로운 질문을 만들어내게 될 것이다. 그리고 때로는 그 질문에 명확한 답을 얻지 못하더라도, 질문 자체를 품고 살아가는 일이야말로 우리 삶을 더 깊고 단단하게 만든다는 사실을 기억해 주었으면 한다.

우주는 누구에게나 열려 있다. 특별한 자격이 필요한 것도, 수학이나 물리학을 반드시 잘해야만 우주를 이해할 수 있는 것도 아니다. 중요한 것은 궁금해하는 마음과 기꺼이 멈춰 서서 밤하늘을 바라보는 태도일 것이다. 우리는 너무 바쁘게 하루를 살아가느라, 고개를 들어 별을 올려다보는 일조차 잊곤 한다. 하지만 그 잠깐의 순간이, 과학자들이 마주하는 위대한 발견의 시작이 되기도 한다.

이 책을 통해 천문학에 관심이 생겼다면 직접 하늘을 바라보는 일부터 시작해 보자. 도심에서 벗어난 곳에서 맨눈으로 하늘을 보면 생각보다 많은 별을 볼 수 있다. 조금 더 나아가고 싶다면, 쌍안경이나 작은 망원경을 활용해 보자. 요즘은 천문 동아리나 시민천문대, 과학관의 별 보기 행사도 많으니, 그런 프로그램에 참여해 보는 것도 좋겠다. 이런 활동을 통해 별은 단지 책 속에만 있는 존재가 아니라, 우리와 함께 숨 쉬고 있는 현실의 세계임을 느낄 수 있을 것이다.

천문학은 혼자 공부하는 학문 같지만, 사실은 질문을 나누고 함께 관찰하는 학문이다. 함께 별자리를 찾고, 은하를 촬영하며, 서로의 궁금증을 나누다 보면 더 깊이 있는 배움이 가능하다. 그러니 주저하지 말고 주변에 같은 관심을 가진 사람들과 연결되길 바란다. 참고로 우리 연구실에서 중요한 철학 중 하나는 홍익인간, 즉 "배워서 남 주자"이다. 서로 나누다 보면 분명 새로운 것이 보일 것이다.

만약 천문학을 공부하고 싶은 학생이라면, 물리학과 수학이라는 벽에 부딪힐 수도 있겠다. 하지만 처음부터 모든 걸 잘할 필요는 없다. 과학의 문턱은 생각보다 높지 않다. 중요한 것은 포기하지 않고 계속 질문하는 마음이다. 수많은 천문학자도, 처음에는 그저 하늘을 바라보며 '왜 저 별은 반짝일까?' 하는 질문을 품었던 아이였다.

이제 우주는 그 어느 때보다 우리 곁에 성큼 다가왔다. 첨단 기술 덕분에 망원경으로 지구 밖 우주 공간까지 볼 수 있게 되었고, 누구나 온라인으로 실시간 관측 자료도 볼 수 있는 시대가 되었다. 전 세계의 시민들이 천체를 분류하고 분석하는 '시민과 함께 과학' 프로젝트도 활발히 운영되고 있다. 여러분도 언제든 그 여정에 동참할 수 있다. 그리고 이 책이 여러분에게 그러한 질문과 참여의 출발점이 되기를 진심으로 기대한다.

이제 밤하늘을 올려다보며, 나와 우주를 잇는 상상의 다리를 놓아보자. 끝없는 우주를 상상하는 과정이야말로, 인간이라는 존재가 가진 가장 위대한 용기이자 특권일 것이다. 우주를 향한 여러분의 여정을 진심으로 응원하며, 이 책의 마지막 장을 닫는다. 다음 관측은 여러분의 차례다. 그 눈으로, 그 마음으로, 이 찬란한 우주를 다시 바라보길 바란다.

KI신서 13780

천문학이라는 위로

1판 1쇄 인쇄 2025년 9월 5일
1판 1쇄 발행 2025년 9월 15일

지은이 황호성
펴낸이 김영곤
펴낸곳 ㈜북이십일 21세기북스

서가명강팀장 김민혜 **서가명강팀** 강효원 이정미
디자인 THIS-COVER
영업팀 정지은 한충희 남정한 장철용 강경남 황성진 김도연 이민재
제작팀 이영민 권경민

출판등록 2000년 5월 6일 제406-2003-061호
주소 (10881) 경기도 파주시 회동길 201 (문발동)
대표전화 031-955-2100 **팩스** 031-955-2151 **이메일** book21@book21.co.kr

(주)북이십일 경계를 허무는 콘텐츠 리더

21세기북스 채널에서 도서 정보와 다양한 영상자료, 이벤트를 만나세요!
페이스북 facebook.com/jiinpill21   포스트 post.naver.com/21c_editors
인스타그램 instagram.com/jiinpill21   홈페이지 www.book21.com
유튜브 youtube.com/book21pub

서울대 가지 않아도 들을 수 있는 명강의! 〈서가명강〉
유튜브, 네이버, 팟캐스트에서 '서가명강'을 검색해보세요!

ⓒ 황호성, 2025

ISBN 979-11-7357-490-0 04300
      978-89-509-7942-3 (세트)

책값은 뒤표지에 있습니다.
이 책 내용의 일부 또는 전부를 재사용하려면 반드시 (주)북이십일의 동의를 얻어야 합니다.
잘못 만들어진 책은 구입하신 서점에서 교환해드립니다.

'서가명강' 시리즈가 궁금하다면 큐알(QR) 코드를 스캔하세요.

서가명강 서울대 가지 않아도 들을 수 있는 명강의

'서가명강'은 대한민국 최고 명문 대학인 서울대학교 교수님들의 강의를 엮은 도서 브랜드로,
다양한 분야의 기초 학문과 젊고 혁신적인 주제의 인문학 콘텐츠를 담아 시리즈로 발간하고 있습니다.

01 나는 매주 시체를 보러 간다 유성호 | 의과대학 법의학교실 교수
02 크로스 사이언스 홍성욱 | 생명과학부 교수
03 이토록 아름다운 수학이라면 최영기 | 수학교육과 교수
04 다시 태어난다면, 한국에서 살겠습니까 이재열 | 사회학과 교수
05 왜 칸트인가 김상환 | 철학과 교수
06 세상을 읽는 새로운 언어, 빅데이터 조성준 | 산업공학과 교수
07 어둠을 뚫고 시가 내게로 왔다 김현균 | 서어서문학과 교수
08 한국 정치의 결정적 순간들 강원택 | 정치외교학부 교수
09 우리는 모두 별에서 왔다 윤성철 | 물리천문학부 교수
10 우리에게는 헌법이 있다 이효원 | 법학전문대학원 교수
11 위기의 지구, 물러설 곳 없는 인간 남성현 | 지구환경과학부 교수
12 삼국시대, 진실과 반전의 역사 권오영 | 국사학과 교수
13 불온한 것들의 미학 이해완 | 미학과 교수
14 메이지유신을 설계한 최후의 사무라이들 박훈 | 동양사학과 교수
15 이토록 매혹적인 고전이라면 홍진호 | 독어독문학과 교수
16 1780년, 열하로 간 정조의 사신들 구범진 | 동양사학과 교수
17 건축, 모두의 미래를 짓다 김광현 | 건축학과 명예교수
18 사는 게 고통일 때, 쇼펜하우어 박찬국 | 철학과 교수
19 음악이 멈춘 순간 진짜 음악이 시작된다 오희숙 | 작곡과(이론전공) 교수
20 그들은 로마를 만들었고, 로마는 역사가 되었다 김덕수 | 역사교육과 교수
21 뇌를 읽다, 마음을 읽다 권준수 | 정신건강의학과 교수
22 AI는 차별을 인간에게서 배운다 고학수 | 법학전문대학원 교수
23 기업은 누구의 것인가 이관휘 | 경영대학 교수
24 참을 수 없이 불안할 때, 에리히 프롬 박찬국 | 철학과 교수
25 기억하는 뇌, 망각하는 뇌 이인아 | 뇌인지과학과 교수
26 지속 불가능 대한민국 박상인 | 행정대학원 교수
27 SF, 시대정신이 되다 이동신 | 영어영문학과 교수
28 우리는 왜 타인의 욕망을 욕망하는가 이현정 | 인류학과 교수
29 마지막 생존 코드, 디지털 트랜스포메이션 유병준 | 경영대학 교수
30 저, 감정적인 사람입니다 신종호 | 교육학과 교수
31 우리는 여전히 공룡시대에 산다 이융남 | 지구환경과학부 교수
32 내 삶에 예술을 들일 때, 니체 박찬국 | 철학과 교수
33 동물이 만드는 지구 절반의 세계 장구 | 수의학과 교수
34 6번째 대멸종 시그널, 식량 전쟁 남재철 | 농업생명과학대학 특임교수
35 매우 작은 세계에서 발견한 뜻밖의 생물학 이준호 | 생명과학부 교수
36 지배의 법칙 이재민 | 법학전문대학원 교수
37 우리는 지구에 홀로 존재하지 않는다 천명선 | 수의학과 교수
38 왜 늙을까, 왜 병들까, 왜 죽을까 이현숙 | 생명과학부 교수
39 인간의 시대에 오신 것을 애도합니다 박정재 | 지리학과 교수
40 수학이 내 인생에 말을 걸어다 최영기 | 수학교육과 교수
41 벼랑 끝 민주주의를 경험한 나라 강원택 | 정치외교학부 교수

*서가명강 시리즈는 계속 출간됩니다.